决定上限的，
是你处理情绪的能力

（美）斯蒂芬·克利福德 著　宋云涛 译
（Stephen Clifford）

图书在版编目（CIP）数据

决定上限的，是你处理情绪的能力 /（美）斯蒂芬·克利福德著；宋云涛译. -- 北京：北京联合出版公司，2019.6
ISBN 978-7-5596-3302-6

Ⅰ.①决… Ⅱ.①斯… ②宋… Ⅲ.①情绪－自我控制－通俗读物 Ⅳ.① B842.6-49

中国版本图书馆 CIP 数据核字 (2019) 第 112703 号

决定上限的，是你处理情绪的能力

项目策划　斯坦威图书
作　　者　（美）斯蒂芬·克利福德
译　　者　宋云涛
责任编辑　徐　鹏
策划编辑　李佳铌　张其欣
封面设计　WONDERLAND Book design
　　　　　仙德 QQ:344581934

北京联合出版公司出版
（北京市西城区德外大街83号楼9层　100088）
天津中印联印务有限公司印刷　新华书店经销
112千字　880毫米×1230毫米　1/32　7印张
2019年6月第1版　2019年6月第1次印刷
ISBN 978-7-5596-3302-6
定价：45.00元

未经许可，不得以任何方式复制或抄袭本书部分或全部内容
版权所有，侵权必究
本书若有质量问题，请与本公司图书销售中心联系调换
纠错热线：010-82561793

目 录

第一章　如何认识并表达自己的情感 / 001

情绪是与我们每个人都密切相关的重要心理活动。正确认识自己的情绪非常重要。如果能正确把握自己的情绪,我们的待人接物、为人处世会非常的成功。相反,如果我们对自己的情绪一无所知,那么我们就会被情绪支配,快乐和痛苦都随着外境而转,无法自主。

第二章　如何培养积极进取的情感 / 029

情绪表达可以分为屈从型、侵取型和进取型三种类型。屈从型的人善于讨好,侵取型的人善于控制,这两种情绪表达类型都可能造成一定的人际问题。只有进取型的人,才能真正与他人建立一种平等、互爱、温暖的情感连接。

第三章　如何释放旧情感 / 069

每个人在成长的过程中,都会积累一些未曾释放的痛苦情绪。这些情绪会积压在我们的潜意识里,对我们当前的行为产生潜移默化的影响。如果用特定的方法将这部分情绪的能量释放，我们的内心会变得前所未有的阳光、幸福。

第四章　如何建立情感寄托 / 125

每个人的情感能量都有不同的投向，一个人将情感寄托在什么样的事物或者关系上，决定了他会成为一个什么样的人。那么，什么样的情感寄托才是明智的？我们又该如何调适自己的情感寄托呢？

第五章　如何放松自己的身心 / 155

在当前的焦虑社会，学会放松身心对现代人来说意义重大。心理学的放松技巧能够让一个人深层次地体会到由内而外的放松，这对于人们消除疲惫、缓解压力、调适心情都有非常独特的效果。

第六章　如何应对突发事件 / 169

诸如亲人离去、罹患重病、失业、失恋等的突发事件，会给我们的情感带来沉重的打击。很多人因此一蹶不振，长久地沉浸在痛苦之中。突发事件是我们无法预知的，但是我们可以通过事先了解情绪复原的方法而将痛苦降低到最小。

第七章　如何让自己的内心始终充满希望 / 187

　　充满希望的人生是最幸福的人生！积极正向的情绪状态能为我们的生活、社交、事业保驾护航。而其中的关键，就在于你如何与自我对话，如何调适自己的情绪状态。

第一章

如何认识并表达自己的情感

人是感情动物，无不有喜怒哀乐、七情六欲，无不时时、处处都在情感的支配与影响之下。然而，你是否经常压抑、抵制自己的情感，希望它能逐渐烟消云散呢？或者，你是否常常有意回避某些情感，拒绝承认那是你内心空虚、意志脆弱的表现呢？如果你经常感到无所适从、惘然若失，那么，你可能就会遭受麻烦：你不了解自己的情感，更不会表达、运用自己的情感。现实生活中，了解和表达情感变得日益重要，现代社会的发展需要人走出自我封闭的天地，更多地进行情感的沟通和交流。在某种程度上，正确把握情感是你人生事业成功的一半，本章的主要内容，便是探讨这一问题。

何谓情感

心理学家给"情感"一词的定义是:"**由于受生理刺激,在认识过程中,或者在主观判断中,用身体的动作或者面部表情等所表达出来的感情或者是反应。**"怎么样,这个定义够饶舌的吧?但我们且不管它,先来看一下组成情感的一些基本要素。

第一,情感是你的生理反应,包括你的心脏跳动频率、血压高低、眼睛瞳孔的扩张、呼吸的频率、肌肉紧张的程度等。第二,是你的行为表达方式。这包括你在具体环境下所表现的明显的和微妙复杂的一系列动作,比如你的举手投足、挤眼皱眉、讽刺挖苦、开怀大笑、失声痛哭、怒发冲冠等等。第三,情感因素包括你个人的抱负、思想、人生追求、认识能力等,这些内容决定着你的情感类型、情感表达的方式以及强弱程度。最后，对客观事物的评判（也即价值观念）也是组成情感的重要因素，根据它，能够判断你的情感是否健全。

把以上要素作一综合表述的话，那么，就可以说，情感是一种个人的体验。为了更好地理解情感的实质，以及情感世界到底如何运作，让我们看一下美国心理学家在90年代初所做的下列实验。

接受实验者有若干人，他们被分成三组后，每一个人得到一粒名叫"福瑞林"的药片。服用这种药后，人会受到强烈的刺激而产生一系列的反应，比如心跳加速，血压升高，呼吸急促，全身出汗，瞳孔变大，焦躁不安，手脚上的肌肉特别紧张等。这一系列现象恰如其分地表达，或者模仿了我们在生命受到严重威胁，不顾一切地要摆脱那种险境时，心理和生理的各种表现。

但是，接受实验的三组人被告知药片的功能是不同的。第一组被告知说，他们所得的是一种效力极强的维生素片，服用后会出现强烈的生理反应；其他的两组则或者不让知道所接受的是何种药品，或者告诉他们所得的根本不是"福瑞林"，而是另外一种东西。然后，三组人都被领到一个房间，那里有一个密切的合作者（即实验的合作者），他在房间里一会儿做出异常愤怒的表情,一会儿又做出无比快乐幸福的样子。

结果,心理学家发现,被正确地告知药片功效的一组,没有表现出明显或者异常的情感反应。因为他们早有思想准备,认识到身体的反应是由于服用了强烈的"福瑞林"药片所致。

相反,没有被告知药片功效或者被有意错误告知药片功效的两组,当合作者表现出怒气冲冲的样子时,他们也变得非常愤怒;而当合作者一脸的欢天喜地时,他们也变得喜气洋洋,乐不可支。

以上实验显示出,个人的具体思想和预期强烈地影响着自己的情感。同一种体态反应可能表达着几种不同的情感,这要看具体的环境和你的期望值是什么。

实验同时还表明,虽然身体的反应和行为是情感反应的主要组成因素,而情感经历(即情感)的最基本的决定因素,在于你给感情所预先打上的标签,以及什么因素刺激了这种感情的产生,也就是说,我们的情感实际上常常受某种其他的外在情感参照的影响和左右。

另外,也有一些心理学家认为,情感主要受个人本身行为的支配和影响。他们也做过一些实验以证明此观点。具体做法是让一些情绪低落、意志消沉的人，去从事一些与消沉情绪截然相反的活动。比如让他们去跳舞、唱歌、开口大笑，观看一些滑稽表演，参加生动活泼的体育活动，等等，结果发现，这些人的情绪大多会神奇般地变得高涨起来，不再是一副垂头丧气、失魂落魄的样子；而在另一项实验中，心理学家迫使一些情绪低沉的人去做一些日常生活中比较紧张、毫无乐趣可言的小事，结果同不接受这种"治疗"的情绪低落者相比，85%的人比以前更加失落、消沉。好了，以上分析也许会使你感到有点乏味，但是，千万不要"意志消沉"，让我们了解一下各种类型的不同情感，并介绍怎样把握情感，我想你的心情肯定会好起来。

情感的类型

介绍了情感的基本内容，我们再来了解一下情感的八种基本类型。每一种类型往往和其他类型掺杂在一起，共同发生作用。因此，一种情感类型可能是另外几种情感共同作用而产生的结果。

愤 怒

这是一种受到伤害（包括身心的伤害）或者受委屈后产生的对别人的一种反抗的、表示强烈不满的感情，其目的，在于警告和阻止他人进一步伤害你。例如：大声呵斥正在打你宝贝女儿的臭儿子，向突然插到你汽车前面的汽车大声鸣喇叭，等等。

厌 恶

心理学对"厌恶"所下的定义是：厌恶即对某事某物强

烈的不喜欢。此种情感的客观效果（目的），是促使你远离或躲开某种讨厌、不喜欢、对你有害的环境。比如，不愿与罪犯接触，不愿与不喜欢的人打交道，不愿吃发霉变质的食物，等等。

悲痛

悲痛是对遭受损失或即将遭受某种损失所产生的一种难过和忧伤的感情。表现此种情感的目的，其一是内心感受的发泄；其二是给别人提供一种抚慰、同情自己的机会。当你不得不与妻子离异、失去工作、亲人过世、身体受到伤害时，此种情感便会自然地发生。

惊奇

突然发生的事件或意外发生的事情所引起的感情，是惊奇。此种情感的目的，在于不仅使你突然认识到某事已经发生，而且使你预想它将来还会发生。比如一向马里马虎的丈夫突然给妻子带回一束鲜艳的玫瑰，工作一向不卖力的员工被提升了职务，在街上不期而遇老朋友……这些时候，你的情感当然是惊奇。

恐 惧

恐惧是由于个人脆弱无能而产生的一种悲伤忧愁的心态，一种由于不能克服现实的或潜在的危险而产生的危机感。恐惧的目的，在于阻止自己受到伤害甚至被杀死；没有恐惧感，许多人可能早已被干掉了，因为只有恐惧和危机感才驱使人们去寻找生路。当你几乎被飞驰而来的汽车撞得粉身碎骨时，那种恐惧是刻骨铭心的；而你的孩子在纪律不好、打架斗殴成风的地方求学时，恐惧感也会时常折磨你。

认 同

在别人的赞许下接受某物时所产生的愉快感情。其实质是接受别人赞赏的那份感情。如别人祝贺你的荣升官职，赞扬你的孩子聪明伶俐时所产生的感情，即是认同。

欢 乐

快乐是一种强烈的幸福感、愉悦感、兴奋感。相信每一个人都对这种情感有着丰富的经历和深切的体会。

预　期

预期是对未来事件的推想和估计。其目的是使自己对将来所发生的一系列事件作好充分的准备。比如考虑将来的前途，预计即将考试的成绩会如何等。

以上八种情感可以称作单一情感。除此之外，还有另外一类复合情感，即两种或两种以上单一情感组成的复合情感。复合情感一般也有八种，下面我们将其作逐一的论述。

爱

爱是欢乐和认同的混合体。它是一种信号，表示这种行为既可施诸于己，又可加诸于人，比如你对孩子的爱，你对配偶的爱，等等。

悔　恨

悔恨是对过去错误所怀有的一种深深的愧疚、抱恨，悔恨的主要功能，在于阻止你"第二次踏进同一条河流"，再犯同样的错误。但是，世上没有后悔药，要想不悔恨，就少做后悔事。

达 观

达观比乐观更进一层，虽然它们在本质上区别不大。达观是指观察问题时，注重其光明的一面，并且相信诸事明天会更好。达观的人生态度至关重要，它能使你在失望中找到希望，在失败时想到成功，在挫折中想到振作。

失 望

希望落空时的感情，是失望。失望使你保持清醒的头脑，不要想入非非，不要自己抓着小事不放。

进 取

进取是带有某种敌意的情感行为，一般是由于自卑感或挫折的刺激而产生。其作用，在于阻止别人的剥夺，实际是一种潜在的自我保护，如捍卫权利，与老板争论，等等。

敬 畏

敬畏首先是受权威的刺激而产生的恐惧和尊重；其次，它也可指对世间惊人的美、神秘的力量而产生的疑惑和向往、恐惧等感情。敬畏使人认识到自己的局限性。如我们在经历地震、海啸，静观深邃的宇宙时所产生的情感，可称作敬畏。

蔑 视

认为某人或某种行为品德不高、低级下流而产生的一种感情。蔑视表达的是极端的不赞成而尽力去修正或改变他人的情感。

谦 卑

谦卑是对权力、权威或使你屈服让步的感情表现,它包括顺从、默认等。谦卑的目的,在于认可一种并不优越的处境,以保护自己,避免产生冲突,减少危险,减低伤害等。

表达情感要坦率真诚

真诚坦率是表达情感的最根本原则。林肯曾说过,虚情假意"只能在某些时间某些地点欺骗某些人,而绝不能在所有的时间所有的地点欺骗所有的人们"。判断某人是否真诚坦率地在表情达意,需要注意倾听他的语言语调、观察他的面部表情,以及与之相伴随的一系列举动和行为,也即"听其言而观其行、察其声"。80年代初,一批心理学家和教育工作者,曾在美国西部的偏远地区考察过一个部落,此部落生活落后,不懂英语。但学者们发现,这一部落的人们能够毫不费力地读懂他们脸上的情感表达。不用语言,学者们也可与部落的人们进行良好的沟通。不发一言,不讲一语,两种不同文化背景的人竟然能够做良好的交流,完全是靠彼此面部一幅幅真实情感的"图画"表达。

内心体验与外部表情自相矛盾的例子，恐怕我们都有不少的体会。它们未必是虚情假意，却有损于你的心理健康。如当你内心狂怒、咬牙切齿时，脸上却可能是笑容可掬，嘴里甚至还不断地咕哝着"没事没事，这有什么大不了的"，一副满不在乎的样子；又如当你刚刚被老板炒了鱿鱼，家庭也不幸解体时，而与别人谈及这一系列的不幸事件时，你可能表现的是"轻轻地挥一挥手，作别西天的云彩"的一副潇潇洒洒、自由自在的样子。

当你经历情感时，或者表情达意时，你不仅应当注意自己要表达的是什么，更要注意如何表达。你的表情、一举一动都是表达自己的最好方式。如果这一系列内容都是和谐一致的，那说明你的情感是坦率和真诚的。

其实，现实生活中，谁都不能也不应当回避情感，因此有必要寻找机会体会情感、表达情感，包括积极的情感，如欢乐、幸福；消极的情感，如痛苦、失望等。就情感本身而言，它们没有好坏优劣之分，它们对你的人生都有着建设性的作用。最重要的，当你体验情感、表达情感时，你不仅会意识到自己所处的准确位置，同时也给别人提供了了解你的机会。

情感作用实际在告诉你，同时也在告诉他人，某件事情已经触及了你的需要，影响了你的思维模式、价值观念。经历愤怒、痛苦、失望、厌恶或者恐惧之类的情感，的确是件让人不愉快的事情，但是，承认这些情感的存在，接受它们，给它们以恰当的表达和发泄方式，对于我们的心理健康是至关重要的。因此，如果试图回避、压抑、阻碍自己的情感，尤其是悲伤、压抑的情感，那是绝对错误的，以不恰当的方式处理情感问题也是极其有害的。

情感的自我封闭和保护

人人都有趋利避害的心理，在情感方面也是如此。经历过强烈的甚至刻骨铭心的情感伤害或情感悲剧后，人们往往将它埋藏心底，决不愿再提及。"一朝被蛇咬，十年怕井绳！"这种情感被阻抑的时间越长，重新经历它的机会可能会越少。心理学将此种不正确地处理情感问题的方式，称作"防御机制"。以下是8种不同的防御机制类型。这些防御机制可能阻止、影响你情感的正常表达和交流，久而久之你可能在情感表达方面出现问题。

压 抑

压抑是指意识到某种不愉快感情的存在，而试图不将其表现在外的一种心理。其最显著的特征是你清醒地知道某种情感，但有意识地不去碰它。比如当你与热恋中的情人约好在某个地方吃晚饭，他（她）却姗姗来迟，或根本未到时，你那种敢怒不敢言的心情是不是有点压抑呢？

否 认

否认是一种严重形式的压抑心理。一般指某种情感太痛苦和伤感，以至于你矢口否认这一情感存在的事实。比如当最钟爱、亲爱的人去世时，突然得知这一消息的人往往是"几乎不相信自己的耳朵"。有时"否认"这种情感是有益身心健康和可取的。比如，身患绝症的人不相信生命将终结的事实，而一如既往、快乐达观地继续自己的生活，使每一天都过得愉快充实，这反而能使他们忘掉临近的死神，延续生命的存在，这样的例子不胜枚举。"否认"的主要问题，在于它使你不去正视，因而也不会去认真处理一些本来能够解决的事情，其消极作用绝不可等闲视之。

斥 拒

斥拒是通过恰当的行为排除情感冲突，是一种较典型的感情发泄和自我保护。比如，当面对一位讨厌的、不知何故就是不帮你结账的服务员时，你突然对他来一记左勾拳，将他揍得鼻青脸肿,这就是斥拒。

移 情

移情是指将对甲的情感转移或发泄到乙的身上,也就是我们通常所说的"捉不住兔子宰狗吃"。例如本来对妻子不满,却对着孩子大发脾气,这就是移情。

合理化

合理化,又称"酸葡萄"心理,是当某事或某物可望而不可即时,所产生的一种矛盾和逆反心理。古希腊有一则寓言说,狐狸想捞架上的葡萄吃,但捞了半天却怎么也够不着。无奈之余,狐狸只好自我安慰说:"哼,其实那葡萄早已酸了,有什么好的。"

扩 散

扩散是指将自己的情感,特别是痛苦悲伤的感情传达给别人,以期获得他人的理解和同情。

反向形成

反向形成是当自己支持或拥护的事物不被接受时,人们为减轻罪恶感而采用的一种防卫方式。比如热衷于同性恋的人公开反对同性恋，而罪犯也常常宣称自己清白无辜，等等。

认　同

认同是指在控制情感，特别是在调适忧伤哀愁的情感时，去模仿他人的做法。如果方法得当，认同是有益的。

倨傲心理

如果一个人长期、持续地处在情感防御的状态下，那么他自然就失去了充分表达情感的机会，从而形成心理学家所称的"情结"。"情结"指的是感情交流和表达渠道不通畅，形成一种呆板、滞胀的状态，如同人们的消化不良一般。若想了解自己是否存在"情结"，请回答以下问题：

☐ 你最近的一次放声大哭是在什么时候？
☐ 你最近的一次发脾气在何时？对人大喊大叫了没有？
☐ 你最近一次对人说"我爱你"是何时，是否在真心地表示"爱"？
☐ 你最近一次感到恐惧是在何时？
☐ 你是否经常用语言表达自己的欢乐愉快的情感？

- ☐ 你最近一次开怀大笑在何时？（不包括微笑）
- ☐ 你是否经常感受或利用防御机制？
- ☐ 你是否经常感到自己感情迟钝呆滞？也就是说，你是否在面对强烈刺激感情的事件时，常常无动于衷呢？
- ☐ 你是否发现如果拒斥某些不愉快的情感时，却常常感到这些情感总时时与你如影随形，如同幽灵一般无法摆脱呢？

如果你无法记起最近到底在什么时间充分经历过某些情感（如上述问题），或者意识到你是依靠上述的某种"防御机制"来处理自己的情感，这说明你很可能存在"情结"问题。那么，如何克服和打破这种"情结"呢？

学会释放深埋的情感

弗洛伊德曾发明过一个词叫作"情感发泄",其定义是"对于被封闭或受压抑情感的表达和释放——就像滚滚的蒸汽从沸腾的锅炉排气阀中喷薄而出一样"。事实上,如果你长期持续地阻抑、压制自己的情感,那么它们积聚的潜力便越强,其积聚越多越强,对你行为的负面影响也就越大,而最终你将感受到再也无法承受如此多的情感积淀、如此重的情感压力,那会有一天,一件微不足道的小事便会引发你情感的总爆发。可以想象,这种爆发的力量和后果是相当可怕的。一份杂志曾刊载过一则滑稽却令人深思的故事。一个家庭中,丈夫在婚后二十多年的生活里,对自己温柔贤顺的妻子总是百般挑剔,讽刺挖苦。然而妻子却不置一词,默默忍受。

终有一天在吃晚饭时,丈夫又开始抱怨:稀饭没有淘干净,土豆烧得太过火,妻子一言不发,站起身来冷冷地走到锅台前,端起滚烫的一锅稀饭,向着丈夫那有点谢顶的秃脑袋浇了下去!丈夫被烫得不知所措、嗷嗷乱叫的同时,妻子在一边却看了个痛快,笑了个痛快。这说明,如果不能及时释放情感,人们有可能会做出过分的事情。

下面,向读者朋友介绍几种释放情感的方法。

模拟对话法

调适和处理情感问题的关键,在于要确切了解情感如何产生、爆发,又如何消散。这如同反复听你最爱听的滑稽幽默笑话,直到你笑得不能再笑为止。

自我对话法是近年来在国外非常流行、十分有效、备受欢迎的一种表达和释放情感的方法和技巧。在自我对话过程中,你将与某种强烈的感情,比如愤怒、悲伤、悔恨联系起来。一般来讲,"自我对话法"将对情感宣泄产生理想的,甚至是你根本意想不到的效果。"自我对话法"的具体做法和步骤要求如下:

- 准备一个安静、绝对不受打扰的房间,你将在里面先用半个到一个小时不间断的时间,去想象那些困扰自己的情感问题。你要完全放松，让自己去体会、表达情感，如愤怒、伤感、憎恨、抓狂等等。

- 尽量去体会和经历你所感受的一切事物，但不能让自己受到伤害，更不应因此而伤害他人。
- 闭上眼睛，想象你将与之交谈情感问题的人就坐在你对面的椅子上。尽量想象那个人的一个细节，如他（她）的衣着打扮、坐姿，以及他（她）用什么样的眼神注视你等。
- 告诉对方你到底想要谈什么、说什么。把对方想象成他（她）就在你的房间里，就在你的对面。
- 谈话时要具体到每一个细节，比如具体事件的时间、地点、人物、前因后果、来龙去脉等，要充分表达自己的情感，不要仅仅是动一下口舌而已。
- 当你把自己想说的话全部讲完后，接着想象你就是对方，就是那个坐在对面的人。现在也就是说要看着你自己，考虑你认为那个人将告诉你什么，如何回答你，然后自己大声说出来。
- 当你表达完你认为对方将要说的话时，然后想象你又恢复到自己的位置，回答对方的话（也就是你刚才说的话）。

在"模拟对话法"中,你应当让自己充分自由地提出你想或需要问的问题,你认为对方会怎样回答便怎样来回答自己。为了使这一方法更加有效,你必须能够在自己和对方扮演的角色中自由地来回转换、释放、表达,直到你的问题得到解决为止。下面是这一方法的一个应用例子:

艾米莉是一位20岁的女孩,她的父亲刚刚在车祸中丧生,艾米莉经受着感情的巨大痛苦,不得不去看心理医生。医生吩咐她坐在一个舒适的椅子上,闭上眼睛,想象她的父亲就坐在对面。然后,医生告诉她,告诉父亲想要说的一切。下面即是他们的对话:

艾米莉:

爸爸,我想让你知道我有多么爱你,多么思念你。(病人开始哭泣)我一想起与你最后的一次争吵,就感到特别难受。我为你克服了酗酒的老习惯而十分自豪,但是我却感到自己无法与毒品脱离关系。我一直在回忆你给我的关怀、照顾和与你在一起的幸福日子。没有了你,我成了一片飘零的树叶,绝望的心情都快把我淹没了。

你是一位好爸爸。我还记得在我六岁生日时,你一定要赶回来,亲手送我一把我梦寐以求的小提琴,你一定记得当时我那欢乐无比的样子，搂着你的脖子就是不松手。我记得你给我的所有呵护、爱抚，我也记得我是你最疼爱的女儿。

但是我也应当承认，我们的生活中也有不愉快的时候。我记得你与妈妈离婚时，我对你异常愤怒，我把离婚的责任全部归罪于你的身上，而你与丽萨结婚时，我感到特别难受和不安。我感到丽萨在你与我之间逐渐形成了一种障碍，让我们产生了一种距离。你不再像从前那样，给我许多的关怀照顾，我开始恨你，对你花费那么多时间和精力与丽萨待在一起而将我冷落在一边，我现在仍然很生气，但我会理解你。

爸爸（艾米莉按照她认为父亲会说的话来回答自己）：

艾米莉，我的宝贝女儿，我爱你（病人又开始哭泣）

你一直是爸爸的心肝宝贝，爸爸最好的女儿。你的妈妈与爸爸之间有一些严重的矛盾和分歧，但那与你毫无关系。那时你还小，你不可能理解和明白，一个习惯了家庭生活的人，突然变得孤身一个时，会是怎样的心情和滋味。孤独是可怕的，当丽萨进入我的生活时，我感到那是上天的厚爱，我应深深地感谢老天。但从那以后没有给你更多的关怀，我感到难过和惭愧。你已经逐渐长大成人，相信不久便会找到自己的终身伴侣。

艾米莉：
爸爸，生活对我太不公平了，但我会永远爱你的。

爸爸：
我也爱你，孩子。你要保重。振作起来，开始你的生活吧。

在这场模拟对话中，艾米莉不仅清醒地意识到失去父亲后自己的巨大悲伤和痛苦，而且还发现对于父亲的再婚，自己在儿时就产生了埋藏在心底对父亲的愤怒和痛恨。通过表达和发泄、释放这种情感，艾米莉的痛苦得到了解除，她那压抑在心底的怒气也消释一空。最后，她终于得到了解脱。

"模拟对话法"虽然十分有效，但一般来说是需要在他人的帮助下进行的，尤其需要心理工作者的指导。

下面向你介绍释放情感的其他方法。

书信倾诉法

通过标题即可看出，书信倾诉法是通过书信的方式来交流，释放情感。就像"模拟对话法"一样，它必须用第一人称，敞开你的心扉，不要有任何隐瞒。

同模拟对话相比，书信倾诉有许多优点：（1）这种书信倾诉不受客观环境的影响，无须他人赞成还是反对；（2）它能明确地将你的情感理清楚；（3）避免和减少了那种由于面对假想的对方谈话时，产生的潜在的尴尬心理。

书信倾诉对于表达和释放情感效果良好，不妨一试。但是，为了取得理想的效果，在写信时，你必须做到全心全意，而不是三心二意。你必须详述你情感发生的各个细节，如时间、地点、人物等，以及你当时的感受，你想如何处理等，这是你必须遵守的一些原则。你应当使自己做到，这种特别用来倾诉感情的信，实际上能够邮给当事者。

现实生活中，如果你就某事真正给某人写信时，可能对他人或你自己造成严重的伤害，比如你对自己的妈妈严重不满甚至满怀愤怒，而妈妈又患有严重的心脏病时，恐怕你就不能以"书信倾诉"的方式向她表达你的情感。

书信倾诉的主要目的，是使你与自己的情感世界联系起来，它使你完全充分地表达情感，并因此受益匪浅；就像"模拟对话法"一样，在书信倾诉中，你要尽量想象你的收信人，会给你回信，但不要用太多的心思去考虑那个人会说什么；你只要想起这个人的大体样子，写下你认为他（她）将要说的话就可以。如果你确实身心投入，那么就尽力运用你的直觉，你经常会发现你的直觉是十分准确的。

第二章
如何培养积极进取的情感

你是否经常：(1) 感到无力拒绝不合理的要求？(2) 对别人说"不"字时感觉很不自在？(3) 请求别人帮忙时感到不自在、不自然？(4) 无法或不愿表达自己的真情实感？如果你对上述任何问题中的一个回答是"经常"，那么你的身上便存在一定的问题，但这些问题并不是不能解决的。

面对优柔寡断的情感行为，你最好接受一些旨在培养明确果断能力的训练。一旦养成明确果断的性格特点和处事方式，你将会发现它会使你受益无穷，进而你将会挺直胸膛，捍卫自己的权利，而不会左右摇摆，犹疑不定，把握不准人生的位置在哪里。

你是侵取的？进取的？还是屈从的？

在这里我们应说明一下，进取和侵取（所谓侵取是一种带侵略、强取性的进取）与毅然果断相联系，而屈从则与优柔寡断相联系。毅然果断指的是清楚明确、恰当地表述自己的情感（在与别人的交流过程中）；与此相反，优柔寡断则是指允许别人将意志加在自己身上，听凭别人对自己指手画脚。屈从别人时，你常常会感到"人为刀俎，我为鱼肉"，做了别人的牺牲品，因而也不可能得到自己所求。毅然果断虽然包括进取和侵取，但侵取与进取是不同的：侵取行为以愤怒和胁迫为特征，它所反映的是一种"通过威逼胁迫而赢取"的哲学。虽然你常常能以侵取的手段达到自己的目的，得到自己所求，但那是以别人的让步或牺牲为代价。为了更加确切地了解何者是屈从性的回答，何者是进取性的回答，何者又是侵取性的回答，请看以下的例子：

• 艾瑞克在经历数年的酗酒、吸毒后，突然有一天良心发现，要彻底改邪归正、痛改前非，他也确实这样做了。而当妻子要求他将家中乱七八糟的东西收拾整理一下，但他正忙着做另外一件事时，艾瑞克给她的回答是"难道我不再吸毒酗酒，就要做你的奴隶吗？"

这个回答就是侵取性的，它带有某种敌意和威胁。虽然艾瑞克被要求做他不愿或不喜欢做的事，但他的回答中包含了过去的一些东西（关于吸毒、酗酒），利用这些东西，可以来威胁他人（妻子）以达成自己的目的。

• 杰西的丈夫长时间默默无语，不愿把心里的话向她倾诉。于是她说："你心里是否有什么困扰着你？谈起它会引起你的不快吗？如果不介意的话，是否可以告诉我，让我们共同面对？"

这种情景下，杰西的问话就是进取的，因为她的态度明确真诚，言语得体恰当。实际上杰西是在暗示丈夫的态度是不对的，然而她的表达既尊重了他的感情，又提供了帮助的方式。

• 还没有到月底，默克的妻子便已将他们计划好的钱全部用光，默克虽然心里恐慌、恼怒和不安，然而嘴上却说：

"亲爱的,没关系,近来你工作十分辛苦,又忙家务,你应当多花些钱为自己买点东西。"

显然这里的回答是屈从的。虽然对妻子花钱感到不快,但为了避免发生争吵和引起矛盾,默克压制和隐藏了自己的真实情感。实际上,被阻抑压制的情感不会真正消失。它们会像火山下面的压力逐渐积聚一样,终有一天,他可能会突然对妻子进行可怕的报复。

- 珍妮弗的男朋友很晚才醉醺醺地回来,她很生气,心里也很不安,于是对他说:"你看你看,怎么又喝醉了?难道你永远不能按时回来吗?"

这又是一种侵取性的对话。虽然此种情况下珍妮弗有权对男友的行为表示愤怒、生气,也有权知道为什么他不按时回来,但她表达感情的方式是侵取的,而不是进取的。问题的关键是,如果她的男友也用侵取的方式回答,或者他用"感情封拒"的手段来对付珍妮弗,事情会变得更糟糕。

在此种情景下,进取的回应应当是:"醉酒不是好习惯,请以后注意些好吗?"

- 下班后一位同事要求搭艾伯特的车回家,这对艾伯特来说很不方便，因为按照事先的计划，艾伯特已经出发晚了。如果让同事上车的话，那将意味着要多跑至少30分钟的路。于是，艾伯特回答说："今天我的时间也很紧，无法将您送到家里，但可以把您送到最近的公共汽车站。我还有一个约会，快要迟到了。"

很显然，这是一种进取的回答。因为艾伯特清楚明确地说明了为什么不能满足同事要求的原因。他没有为了迎合别人而委屈自己，况且他设身处地为朋友着想，满足了他的部分要求。

• 卡伦的孩子老是在班上不停地同别人说话，于是丈夫答应找机会与孩子好好谈一下，但丈夫并没有遵守诺言。于是卡伦对他说："我记得上周我们共同商量，你和咱们的孩子谈一谈，因为他老在班上讲话。可至今你还没有做。我仍觉得你有必要尽快和他谈一下，不知今天晚上好不好？"

这一例子也是一种进取性行为。卡伦的丈夫作了许诺但没有实现诺言，这当然是令人失望的。卡伦恰当地表示了自己的失望心情，要求他去实现诺言，实际也是对他的尊重。

• 本森一位很重要的朋友要求晚上借用一下他的车。他心里很不情愿，但嘴里却这样回答："我不知道……，好吧，我确实不愿为此而产生一些麻烦。你用吧。可我应当告诉你，我那车的刹车一直不好用，我为此一直很头疼。"

这是一种屈从性回答。本森被一个比他更加进取的人所控制了、所支配了。这个回答所表述的感情既不精确，也不明白，没有表明他的真正意图。他只是似是而非地同意了对方的请求，同时也提供了不借给对方的、不完全的借口，希望对方接受借口，而实际是他不便拒绝，不便得罪对方。

• 贝拉的室友早上去上班时告诉她，室友的一个朋友今天晚些时候要去机场，问贝拉是否能开车送他过去。贝拉回答说："你事先不与我商量就让我去送你的朋友，是不是有点过分？今天我根本不可能去机场，让他自己打车去得了。"

这种回答虽然很接近于进取，但实际更含有侵取的意味，因为它表达的是一种愤怒之情。然而，如果贝拉换种说法，可能会令人好接受："通常情况下，让我开车送你的朋友我并不介意，但今天不行，我还有另外的事要做。我很高兴和乐意为你效劳，但希望你事先能给我考虑安排的余地，好吗？"

• 楼上收录机的嘈杂声搅得迈克坐卧不宁，于是他给对方打电话说："您好，我是您楼下的邻居，您的收录机声音太大，我简直有点受不了。可否将音量开得小一些？"

这也是明确的进取性回答：迈克表述了正在发生的事情，以及他对此的感受，要求改变此种状况。

• 强森的妻子不断要求他周末陪她去超级市场转转，而强森又有其他的事情要做，很不情愿去。于是他回答说："我的宝贝，虽然我特别乐意与你一起共度时光，但你知道逛超级市场是我不喜欢的。周末对我是极其宝贵的，我乐于利用它做我们共同喜欢做的事，我们一起去看一场电影或录像怎么样？"

这种回答显然也是极富进取性的：认真说明你自己的感受，拒绝一种请求的同时，提供另外一种合情合理的选择。

明确果断的进取行为是指明确、恰当地表述自己的情感、自己的需要和思想的同时，直言不讳地捍卫自己的合法权益，但又不损害他人的权利。进取行为一般直截了当，坦率真诚，言语得当，自尊自重。当你做出此种行为时，你是在独立地做出自己的选择，自我感受很好。

屈从行为实际是在躲避和逃避现实，不能正视现实。其特点，不是直截了当地表述自己的情感、需要、思想，这实际是蔑视自己的基本权利，牺牲自己的权利，给别人提供了利用自己的机会。屈从行为从情感方面来讲是不诚实、拐弯抹角、自我抑制的表现，它会降低人们的自尊自重，导致不健康心理与情感的形成。有屈从行为的人实际是允许他人为自己选择并支配命运，并给别人提供了利用自己的机会。这类人最后往往对做了他人的牺牲品而焦躁不安、痛苦失望。对牺牲他们的人充满了憎恨和愤怒，但又感到无可奈何。

当采取侵取性的行为时，人们可能是在挺直胸膛捍卫自己的权利，但往往忽视甚至侵犯他人的权利。侵取性行为所表达的情感、需要、思想往往是以牺牲别人的权利为代价的。因此我们可以看出，侵取行为是好斗和带有敌意的。侵取性类型的人不仅要为自己选择，而且还要为他人选择些什么。如果别人表示异议或不顺从，侵取性的人往往会暴跳如雷，火冒三丈，他们认为自己是正直无私的。

屈从型人的性格特点

屈从性格的人以服从、屈服、让步为其主要特点，他们总是很惊讶地发现，人们对他们漠视自己正当权利的弱点看得十分清楚。屈从性格的人有着自己一套独特的人生信仰和处事原则。这些错误的信仰和原则促使他们在具体环境中总是处于被动、消极的地位。而它们的形成则有两个最重要的来源，一是间接地受教于学校，二是受家庭传统的教育和熏陶，另外传统文化的影响也不可低估，如中庸之道、无为思想，"枪打出头鸟"，等等。

下面我们罗列一些屈从性格人们的人生"信仰原则"：

- 他人有权对我的思想、情感、行为做出评判；
- 任何思想、情感、行为都必须以某种正当的理由、正当的途径为依据；所做的每一件事都必须具有完美的意义；

- 永远守信如一、持之以恒，决不改变自己的初衷，决不心猿意马；

- 尤其是自己出了差错、犯了错误时，会认为自己不值得别人特别尊崇。而一旦犯了错误，心里永远背负一种愧疚感和负罪感，老是觉得没有脸面见人；

- 认为自己必须万事皆通，无所不能，没有被难倒的问题；在他人面前自己必须表现出什么都知道的样子，决不可显得自己傻里傻气；因而当别人要求帮助解决问题时，自己必须能够且义不容辞地给出答案；

- 对于别人的帮助和赐予，必须感恩戴德，没齿不忘，即所谓的"滴水之恩，涌泉相报"，应当永远相信他人总是善意的；当别人对自己好时，自己应当有求必应，两肋插刀；

- 认识和结交的人必须与自己兴味相同，志同道合，赞成并支持自己所做的事情；

- 对于他人的行为自己感到有责任加以控制、监督，并要对其后果负责；

- 不应当受自己情感的支配，要抑制、限制自己的情感，自己感到他人认为自己是什么样子，自己便应当表现出什么样子；
- 使自己的行为、追求和别人的期望相符合；
- 认为爱自己的人永远赞成自己所做的一切，不管它是什么；因而，如果有人不支持自己的所作所为，就说明他不再爱自己；
- 对于同一个人，不能够既爱又恨；认为愤怒和痛恨没有区别，是一回事。

以上便是屈从性格人的主要信仰，这些信仰规范、指导着此类人的生活。可以看出，这些信仰大多基于非现实的期望和追求，而失去了以现实为基础的客观世界。从上述信仰原则可以推导出两条必然的逻辑结论：第一，你必须是完美无缺的，而这根本不可能；第二，既然你不是完美的，那么他人就自然有权评判你。

的确，我们每个人都不是完美的，对自己的缺点、错误感到愧悔、负罪是非常自然的；同时，所有的人都渴望爱和温暖，都希望被他人所接受认可。但是，如果你牢牢坚守上述的两条逻辑结论不放并在错误的道路上一直走下去的话，那么，你很快就会发现，不仅自己的感情处于消极状态，而且自己的行为举止也会受制于人。

进取型人的权利信念

一旦我们向屈从情感类型的人提出挑战、质疑，我们便很自然、很快地将其前述的信仰观念抛弃一边，而必须代之以全新的东西。近些年来，社会心理工作者们通过研究分析，已经总结出进取情感类型人的一些基本特点，我们将这类的信仰追求的内容，暂且称为"权利信念"。相信你是有着独立的人格、独立的价值观念、自尊自重自爱的人。要知道，一切要靠自己，自救者方能救人，如果连自己都不看重，谁还看重你？下面是进取情感类型人的一些基本权利信念：

- **人人生而平等，都有尊重和被尊重、捍卫自己尊严的神圣权利**

这种权利的中心内容是"尊重"二字。尊重意味着能够平心静气地认可和理解一种性格、一种行为、一种情感，尽管它们与你自己的喜好可能根本不同。比如你压根儿就不喜欢流行音乐，但承认某些流行音乐是当前一种潮流，许多人都喜欢，且有人搞得相当好。

- **人类的本能需要你挺直腰杆，维护自己的权益**

明确维护自己的权益意味着如果你独立地处理、关照自己的事情，那么便用不着他人来插手，但同时也应注意调适自己与他人、与环境的关系，因为你不可能将自己完全封闭起来，人际真空是不存在的。

• 不行使自己的权利便意味着将权利放弃

放弃权利便等于牺牲自己，任凭他人去利用，对此你没有理由憎恨他人。比如在双方的约会中如果你迟到了，屈从的人会一言不发；而如果你找点编造的借口，他会回答："噢，没关系。"通过这种行为所传递的信息，这种屈从性格的人实际在鼓励你得寸进尺，因为他对自己的权利尊严毫不介意。

• 如果你在行使维护自己的权益时却被别人占了上风，那么你不应产生痛恨心理

进取而又憎恨他人的人实际是在嫉妒，这是不健康心理的表现。你应当放弃嫉妒，更加进取，迎头赶上或超越他人。

• 不善于或不去充分表达情感，相反地让其在内心深处积累成愤怒、痛恨、破坏性的情感，那是绝对不可取的。

漫漫人生路，不伤害他人的感情是绝不可能的。在关照自己的同时，你也有可能会妨碍他人。

人生越是小心谨慎，有时越会踩了别人的脚；保持自我良好的心态和形象，有时你必须压倒他人，使他人失望。虽然这未免有些自私，却是生活的现实。

• 如果屈从是因为担心被拒绝的话，往往这么做了也无济于事。反而屈从会毁坏你的关系，或阻止关系的进一步发展、深入

因为屈从者往往将自己的真实情感和思想掩盖起来，使他人无法了解你的原则和立场所在，你的虚假的客套实际在鼓励别人与你保持虚假、表面的关系。因此，可以说，不让他人了解自己的情感和思想是自私的，因为除了这些，他人便无以了解你本人，从而也就失去了很多宝贵的机会。比如你对某人某事的看法非常鲜明，说出来他人一定会真诚地尊重和欣赏你的不同看法，从中吸取教益，但你由于惧怕表示与别人不同的看法而屈从或默不作声，很显然便失去了一个极好的机会。

• 情感健全的人首先考虑如何按照自己的方式做事，而不是"我应当为他人做什么"

虽然我们有必要听从良知的召唤，但如果总是按照别人

怎么想我们就怎么做的方式去行事,则不必要也不可取。情感健全的人总是坚定地按照自己的信仰去行事,而不是在别人的支配下做事。

学会说"不"

明确果断、进取型的性格指能够坦白直率地说出自己的感受,哪怕这种感受是拒绝一个合情合理的请求。说"不"并不意味着态度野蛮粗暴,它仅仅表达的是你的情感。在现实生活中,只要屈从型性格的人的时间、能力、参与程度等允许,他往往不能够拒绝他人的请求。一旦超出了他的容忍范围被迫向他人说"不"字时,他会有一种深深的负罪感,因为他感到没有完成别人加给自己的重负。

情形常常是,你该说"不"的时候却往往表示了同意,但这也未必就说明你有心理问题或情感不正常。你所需要的,正是如何训练自己轻轻松松、潇潇洒洒地说"不"字。说声"不"并不难,只要你认真学习领会并按照下述两条原则去做:

- 简短明白、直截了当

如果你一开始便罗列出一大串你拒绝某个请求的理由,

那么你的回答将失去力量。没完没了、絮絮叨叨的理由和借口往往使自己的思维也变得混乱起来，甚至会使自己改变初衷。因此，在拒绝别人的请求时，一定要简短明白、直截了当地说"不"，或者行就是行，不行就是不行。让你的回答清楚明白，不要迷惑别人，也迷惑自己。

• 口气要坚定不移

坚定不移的口气所传达的信息是：你是真诚的，发自内心。请记住，能够表达你意思的不仅仅是你的话，同时还包括你说话时的表情、动作等。坚定不移的态度包含着责任义务或承诺。一旦你拒绝某一请求，那么就一定要坚持到底，毫不放松。用外国人的话说，就是：紧紧握住你的枪。

因此，永远不要用"如果……""可是……"诸如此类的语言开始你的回答。这种开头含着你对某事有负罪感、愧疚感。它说明你可以改变目前的立场，因为你对目前的结论并不是感到心安理得。避免由于说"不"而造成心理不安的最好办法之一，是推迟做出决定，给自己充裕的时间作充分的考虑，然后作出选择。所以，在具体环境中，你可以告诉要求你的人，你需要时间来考虑有关的问题。为了训练轻松

说"不"的能力,请大声阅读以下内容:

- 不,我不能那样做。按照日程安排今天我还有另外的事情需处理;
- 不,今天我不想去买东西。我已经计划好,要处理家务;
- 不,我想我对你的了解还不够,不宜现在去家中拜访;
- 不,我认为替你去跟踪某人,那是很没有面子的事;
- 不,这次应该你来付钱,我付钱的次数已经够多了;
- 不,我不能再借你20元钱,因为你已经借过我60元钱,而且一直没有归还我;
- 不,今天我不想打篮球,下个礼拜天如何?
- 不,我倒很乐意与你一起去看美术展,可今天不行,因为一切都已安排好了;
- 不,这份差事应当由小王去干,因为他一直在闲着;
- 不,那不是我的分内工作;
- 不,我很尊重你的情感,但不能因此而为你去做那件事。

语言的背后

与语言同时伴随的其他内容,心理学上称之为"非语言行为",它指的是你的语音语调、眼神、体态、手势、面部表情,与对方谈话时双方保持的距离,等等。如果我们将进取情感类型、侵取情感类型、屈从情感类型人的非语言行为作一对比的话,你将会发现他们之间存在明显的差异。下面,是我们从进取、侵取、屈从三种类型人的非语言行为中总结出来的一些最显著,也是最基本的特征。请记住它们是一些最普遍的东西,我们只是以此作为说明,未必就能与某一个具体类型的人完全吻合。

屈从型人的非语言行为

屈从情感性格的人讲话时往往低声下气,软弱无力,不愿或不敢正视他人的眼光，总是低头向下看，或者环顾左右而言他。他们说话的速度很慢，迟迟疑疑，犹犹豫豫，吞吞吐吐——总之一点也不流利。他们不会明确表达自己的意图，总是企求他人的允许或赞同。

屈从情感性格人的姿势也往往让人感觉很不舒服，他们站不正甚至走不直，挺不起胸膛——因而头总是低垂着；他们偶尔也打一些手势，那是因为他们感到很不自在、坐立不安的缘故。他们经常用很不自然、多余的笑来掩盖内心的不踏实和对事情的毫无把握，这种笑往往比哭还难看，让人极不舒服。屈从情感性格的人往往自我封闭，自卑感较强，不愿与他人进行实际接触，就像"装在套子里的人"一般。此种类型的人还有一个典型的习惯动作：点头。他们的点头实际是让别人知道他们在注意倾听，是为了获得他人的好感和认可。当然，不是屈从情感性格的人也同样会有点头的动作，不过不频繁而已。

侵取型人的非语言行为

侵取情感性格类型的人在讲话时，声音洪亮震耳，具有一种权威的威慑力，且语言速度极快、十分流畅，常常使用祈使命令的语气；这种人在发怒时，眼睛直瞪瞪地盯着对方，炯炯发光，严峻冷漠，一副咄咄逼人的样子，令人不寒而栗，往往退避三舍。

侵取情感性格的人表面上常常一本正经、不苟言笑，一副道貌岸然的样子；他们总是力图摆出一种高大的形象，力图占上风，压他人一头，对别人造成一种压力和潜在的威胁。如果是男性，他会老是把脖子伸得长长的像长颈鹿一般，而且要不断挥动自己的手臂，或者攥紧拳头在他人眼前晃来晃去，耀武扬威。他们也往往喜欢拿出一副严肃、冷淡，有点生气的样子：眉头紧皱，下巴紧收。这类人喜欢侵入他人的空间，比如常常窜到别人的宿舍，直直地如同棍般，或斜倚在墙上，低头俯视着别人，指手画脚、没完没了地神吹鬼扯。

进取类型人的非语言行为

进取情感类型的人在讲话时往往采取平等对话的方式：他们的动作自然；语音、语调适中；话速流畅，不紧不慢。他们坚定有力，充满自信，与对方保持有规律且适度的眼光接触，但不会冷生生或色迷迷地盯着他人不放；他们讲话时的姿势是自然放松的，站得正，坐得直，从不卑躬屈膝；进取情感类型的人喜欢运用坚定、明确的手势强调自己的意见或思想，同时面部表情常常是自然放松的。

进取情感性格类型的人从不侵犯他人的生存空间，相反，他们力图与他人保持一种彼此均感方便、适宜的距离，进行"眼睛对眼睛"的平等来往和交流；如果对方站着，那么他不会坐着，如果对方坐着，那么他也会坐下来与对方交谈。

创造机会，奋发进取

到此为止，你也许会读得有点耐不住性子了。什么乱七八糟的性格、情感、进取、侵取、屈从……这些抽象的东西于我有何用？请不要着急，现在我们便从抽象的概念理论转到实际的操作，向你介绍提升自我、奋发进取的方法和途径。

真诚友善的态度

对于你乐意作进一步了解和交往的人，采取主动坦诚和友善的态度是十分重要且大有助益的。与他人见面的最好方式之一，是面带微笑，眼睛一直看着对方，然后说："你好，近来过得怎么样？"或者说："呀，我们有几个月不见了。"最后可以说："我一直在盼望再次与你见面。"

感情交谈

感情交谈是指在与别人进行交流时,自然地表达自己喜欢什么或者不喜欢什么,赞成什么或者反对什么,要开门见山、坦诚明白地表达自己的真实感受。也就是说,最重要的,不要将自己的情感装在闷葫芦里,让人丈二和尚摸不着头脑。但是另一方面,在充分表达情感的同时,也小心不要被情感完全控制或者淹没,你的情感应当接受理智的调节。感情交谈的一些典型事例如:"你穿着这件上衣真是漂亮极了。""你看上去样子真可怕,这是为什么?""我不想说对此的感觉很糟糕。""我感觉几乎精疲力竭了,必须小睡一会儿。""以上这个展览真是热闹"等等。

主动交谈

有句谚语说:除非你自己趴下,否则别人不敢也不会骑上你的脊背。你必须不让他人利用,不让他人占自己的上风。要想方设法平等、公正地对待你自己,与他人拥有相同的权利。典型的主动交谈,例如:

- "我是先来的,而你是后到的,请自觉排队";

- "请把你的电视机声音关小一些,太吵了";
- "你又迟到了"。

请记住你有权利表示和他人不同的意见,当你这样做的时候,决不意味着他人会因此而讨厌你;因此,如果为了保持一团和气,保持所谓的脸面,或者为了赢得他人的赞许而违心地屈从他人,那是绝对不可取的,是应竭力避免的;有的人采取委婉曲折的方式表示对他人意见的不赞同,比如改换话题,将眼光避开以转移注意力,等等,这都不是解决问题的好办法。当你不同意他人的意见时,应当明确无误地将其说出来,让他人准确地了解你的态度和立场,这样做不仅不会招来反感,相反会得到他人的尊重。

当然,生活中以谦虚的态度向权威人物,比如教师、医生、律师等请教是不可避免的。但是你应当记住,自己也值得尊重。你有权了解他人对你的需求,你应当让人明白和理解,自己一定会实现自己的承诺,承担自己的责任和义务,但对于非分和不合理的要求,也应毫不含糊地寸步不让。

谈论自己

如果某些有趣的事情发生或者你有许许多多的奇闻逸事

在脑袋里装着,那么最好把它们"倒"出来,让他人也了解和知道,这样便创造了你与别人交往、交流的机会,别人会借此知道你如何感受事物、如何思考问题,同时也了解了你的人生经历、思想、价值追求等等。谈话当然不能完全由你自己口若悬河、没完没了地垄断着,但只要你处理得当,就不必担心话题会转到自己这一边来。

接受表扬和赞许

如果你感到接受别人的赞扬十分难为情,那么说明你的自尊自重意识较差。你永远不要低估自己的价值,受到他人的赞扬时,不要感到神经紧张,而应当真诚地说一声"谢谢",或者说"那是你对我的支持,我从内心十分感激和喜爱你的赞扬"。谦虚过分便是虚伪,亲爱的读者,何不高高兴兴地接受人们对你的赞扬呢?何必心里高兴却在表面上装出一副似乎难过的样子呢?

种种进取技巧

一旦你掌握了上述进取的方法和途径之后,相信你能够在实际操作中充满进取精神。同时,我们也有责任向你介绍、使你了解一些久经考验、行之有效的真正的进取技巧。这些技巧可能不为众人所意识到，但却是大家都在不自觉地运用着的，它们并不神秘，一学便会，关键在于你日后的实际操作。

重复技巧

重复法是一种交流技巧。它是指在交谈或者交涉中，在不激怒对方的前提下，重复说明自己的要求的方法。这种技巧的优点在于帮助你摆脱一切其他无关紧要的话题，将他人的谈话内容弃置耳后，盯住自己的目标不放，直到问题解决为止。在与他人进行交涉时，此方法会十分有效，请看下面一则真实的对话：

顾客：这副球拍是在您店里买的，我发现它们的材料太差，不符合质量要求。我想退货。

店员：请等一下，我需要请示经理来决定。

顾客：这副球拍是在您店里买的，我发现它们的材料太差，不符合质量要求。我想退货。

经理：您是在本店购买的这副球拍吗？

顾客：这副球拍是在您店里买的，我发现它们的材料太差，不符合质量要求。我想退货。

经理：我发现我们的货架上现在并没有这种球拍，您能确定无疑是在这里买的吗?

顾客:这副球拍是在您店里买的,我发现它们的材料太差,不符合质量要求。我想退货。

经理:请稍候,我要去打个电话。

10分钟过去了……

经理:是的,您买的是我们经营的球拍的一种。您不想换另外一种吗?

顾客:这副球拍是在您店里买的,我发现它们的材料太差,不符合质量要求。我想退货。

经理吩咐店员,把钱退给顾客。

我们应当清楚,这里的重复是一种策略和技巧,不是语言毛病。

友好妥协技巧

毫无疑义,当两位争强好胜、进取心极强的人共处时,他们肯定会发生某种程度的冲突,这时就需要寻求一种解决问题的方法,即通常说的"友好妥协"。"友好妥协"是指双方心平气和地达成某项协议或默契。在友好妥协中，你的自尊并没有受到威胁或伤害，你也不会欺负或压制他人。比如，有两对是好朋友的夫妇一起出外度假旅游。他们决定在什么地方吃饭和晚上看什么电影时，出现了问题。因为他们四人都是进取型情感类型的人，都不会轻易听从他人意见，因而在决定上述问题时，他们便各执己见。最后，四人通过"友好协商"，用下列方式使问题得到圆满解决：两位女士决定去哪里吃晚饭；两位男士则决定在晚上看什么电影。

认真倾听技巧

认真倾听技巧是指当对方讲话时，另外一方耐心、细致地倾听对方讲话的内容，并对对方谈论的话题表现出极大的兴趣。倾听者能明确对方的含意、信息，并据此来判断对方的为人。这一技巧常常会使人在与你谈话时感到轻松自如，心情愉快。因为认真倾听的基本含意是：首先它表现了你对谈话者的尊重，其次表明你对谈话的内容很感兴趣。同时，这种技巧还使你避免了有些时候需要寻找话题使谈话持续下去的尴尬。这种倾听技巧的典型表现形式是"反应倾听"，也就是在听对方谈话时，对他所讲的内容做出确切的回应（经常是完全重复对方说的话），这种方式不仅

是你接受信息的反应,同时也会使对方的自我感觉不错,从而有利于双方的进一步交流。请看以下对话:

职员:现在我还是不愿去上班。

朋友:是不是一想到工作你就感到特别不舒服?

职员:是的,我想如果现在回到那个鬼地方的话,我就被毁了。

朋友:你是说如果目前回去上班的话,精神会崩溃?

职员:不错,只要一想那个地方的一些人和事,我就要发疯。而只要我不在那里,便一切都好。

朋友:你本来不会感到烦恼,只是在那个地方就会使你感觉特别难受?

职员:是的,老张,只有你才真正了解我。

自我表达

自我表达是在某些场景下,自己主动地将某些信息传达给对方,说给对方听,以便有意识地让他人了解自己的所思所想、所感所受、所需所求,这是十分重要的一种交流手段。在自我表达中,你将信息毫不设防地传达给对方的同时,实际也在鼓励对方这样做——让对方敞开心扉、自由自在、毫不拘束地谈论自己的思想和情感。

自我表达是一种很普遍的表达方式，尤其是心理医生、社会工作者常用此技巧来与求助者进行交流沟通，以配合治疗。请看以下对话内容：

病人：林克最终同我分手了，我感到人生都完了。

医生：我也仍然记得前妻离开我时，自己所受的沉重打击和无法克制的绝望。

病人：每当听到电话铃声或者门铃响，我就想是不是林克要告诉我，他要回来了，再站在我的面前。

医生：我清清楚楚地记得，在妻子同我离婚后一年左右的时间里，每当电话铃响，我就想是妻子要告诉我，她想重新回到我的怀抱。

病人：是的，能够看得出您完全了解我的感受。

模糊技巧

模糊技巧是用来对付别人批评指责的一种好办法。人人都不免要犯各种错误，因而免不了受他人的批评和指责，这种情景是令人颇为难堪的。在使用这种技巧回答他人的批评时，你能够避免直接否认别人或强词夺理的嫌疑。这一技巧的操作如下：面对他人的批评或指责时，不要轻易发言，让对方一直说下去，直到他接触到问题的要害部分。但也可以适时地插入诸如"请继续说下去"，或者"你到底想怎么样？"之类的话。

模糊技巧使你避免了给人留下不谦虚、寻找借口的印象，同时又通过给对方一些小小的抵抗而排拒了指责。关于批评问题，下面我们还要进一步论述。

以退为进的技巧

模糊技巧在许多情况下会成功地将您"模糊"过去。但生活中有许多责任、错误是无法推卸的，因此，你不能永远"模糊"下去。必须面对现实时，你最好采取"以退为进"的策略，即公开承认自己的过错和失误。在一些社会生活冲突的处理中，这种"以退为进"、公开认错的方式不仅不会失掉面子，反而会赢得他人的尊重。但是，这种技巧在处理法律问题时，却是不可取的。

否定式问询

否定式问询是指通过否定的问话方式，激励他人去审视、重新考虑自己的情感依据或思想根据，这是一种进取技巧。

在这种问话中，对别人的询问要用一种坦诚和中和的态度，比如你可以说：

"我不太明白你为什么说所有的男人都是急性子。"
"什么使你认为所有的医生都是粗鲁无礼的呢？"
"你为什么认为所有的律师都是骗子和贪婪之徒？"

批评与反批评

前面我们说过，人非圣贤，孰能无过？当面对批评时，你是百般辩解、垂头丧气，还是怒气冲天？你是全力反击，还是偃旗息鼓、退避三舍？你是一笑了之，还是感到罪恶深重，天就要塌下来呢？当受到他人的批评时，请不要忘了下列几点：

第一，要认识到自己本来就不可能是十全十美的。他人可能批评指责你的某种具体行为模式，就你本身而言，完全可以不加理会，依然我行我素。笛卡尔曾说：我思，故我在。我们也可以说：我做我行，故我在。比如你的回答可以是这样：

"我对自己的感觉相当不错。虽然也意识到自己有时不免发脾气。"

第二，请记住，如果别人对你的批评指责是公正合理的，那么他们批评的通常是你所做过的某件事或者你的某种行为，他们并不是从整体上彻底将你一棒子打死。如果有人从整体上把你一笔否定，那么肯定不是你有毛病，而是批评否定你的人有病，而且病得不可救药了。

第三，请记住，为人处事要形成一套你自己感觉良好的风格和方式，而不要轻易为他人所左右和牵着鼻子走。如果试图改变自己的行为方式、价值观念以迎合他人，那你将会"腰弯得变了形"，久而久之，你将不再是你，而变成别人了，那样不是太可悲了吗？

最后一点，请记住，往往有些时候别人对你的批评指责并不是问题的中心和要害。在此情况下，你就要耐心倾听，通过向对方提一些问题的方式，以找到症结和根源所在。而发现症结，也就是知道别人对自己的有效合理的批评后，下列几种回答可供参考：

- 我明白你不喜欢我的行为，但我自己感觉不错；
- 我正在力图改变自己的自私行为，但目前做得还不够好；
- 虽然我意识到自己喜欢独断专行，但目前不打算改变自己。

但是，如果你受到不公正的批评指责怎么办？在此情景下，最重要的，是你必须挺直腰杆，坚守阵地，坚决维护自己的形象和利益。比方说，老板如果很不公正地告诉你，她对你在工作中不卖力气、拖拖拉拉很不满意时，你就可以回答：

"实际你很清楚根本不是那么回事。我是公司里最勤恳的员工之一。"

如果孩子不恰当地抱怨说，你从来就不与他在一起，不关心他，你可以说：

"怎么能说爸爸（妈妈）对你不管不问、不关心呢？上周我不是和你玩了整整两个下午吗？对不对，我的宝贝？"

其实，一般来讲，如果不是出于不得以或者别有用心，人们不会说别人如何如何。而当别人真正批评指责你时，他自己也可能感到不自在，这就可能产生表达上的困难甚至模糊。因而，当你面对别人的批评时，你一定要确切地搞清楚，到底是什么使别人不高兴、不满意，然后你再决定自己的态度，你需要让别人把意见说得具体明确。比如你可以说："请具体说明我如何目中无人、高大自负，以便于我改正。"

有时你会遇到使自己"降低人格"的评价、反馈或指责。这种评价往往使你难以接受，甚至受到身心情感的伤害，所以不可轻视。当发生此种事情时，应当让那人知道你真实确切的感受，这十分重要。例如，你要寻找机会，直截了当地对他说："我被老板解雇绝不是因为，也绝不意味着我是好吃懒做、一无所用的家伙。而当听到你说我懒散无用时，我真切地感到受到极大的污辱和不公正的评价。"

如何对待他人的批评是一门充满技巧的艺术，如上面所述，处理得好，可以化险为夷；处理不当，则真的会使你威风扫地，声誉降低。另一方面，如何批评他人也同样是一门艺术。你应当知道如何使自己的批评合情合理，如何使人容易接受，不至于招致对方的反感。下面是一些可供参考的原则：

- 首先，批评别人时应谈自己的直接感受和印象，而不是其他人的间接渠道给你的印象。比如说："你是一个酒鬼，真讨厌！"就不如："每天晚上当你喝得酩酊大醉回来时，我感到十分失望和不安。"这样说可能会好得多。

- 其次，批评别人时内容应当具体明确。要详细列举出是什么事情，其发生的时间、地点、结果如何。例如："上周当你和王小姐共进午餐时，我感到很不好。"与此相比，批评别人千万避免东一榔头西一棒槌，毫无边际使人摸不着头脑。那样的话，不仅你的批评失去了说服力，恐怕别人也不会理解，那将是很尴尬的。

甜枣辣椒式批评法

下面介绍一种"甜枣辣椒批评法"。在生活中，人们常常发现与其单刀直入地批评指责他人，倒不如先将他人表扬称赞一番，接着再批评。对此可能大多数人都不陌生。例如"这些年来我为有你这个朋友而感到自豪和骄傲。但由于你出外钓鱼而没能参加我的婚礼时，我感到相当难过和失望，希望不久我们再聚一下。""甜枣辣椒式批评法"在处理与你特别重要的人际关系时，效果尤其明显，比如与你的情侣、上司、雇员等，你都可以尽量使用。比如一位聪明的雇员就对老板这样说："作为员工，我非常尊重和欣赏您管理公司的各种理念和方法。但是上周二，当您没有批准我请假回家看望父母时，我心里很不是滋味。我知道您处理问题公平正直。希望您将来会充分认真地考虑我的感受，更加设身处地地为员工着想。"

角色预演

迄今为止我已向你介绍了各种情感性格类型的特征、表现，其中特别介绍了进取情感性格的许多特点，以及如何培养进取精神的种种规则、技巧等。但是，理论绝不等于实际的操作，要想培养进取型情感，还需要在实际中多加实践。而培养进取意识的有效途径之一，便是"角色预演"。

"角色预演"就是在你准备对某人讲某些话时，提前将要说的话预先表演一番，正如演出前的彩排一般。在这种"角色预演"中，最好有你的朋友或伴侣来配合、帮助，给你提供参考意见。角色预演给你提供了机会来讲你所想讲，同时又得到了别人的反馈（朋友或伴侣），虽然这里的"别人"还不是现实中你要面对的人。如果找不到他人来帮助和配合预演的话，那么你就一个人大声将你想要说的话说出来，你自己听一下效果怎样，然后再作必要的修正和改进，这也是可行的。

还要附带说一下，在预演角色，比如自己大声说出要说的话时，最好能够设想到别人可能产生的最强烈的反应，对你发起强烈的反击，从而使你处于相当被动的位置。一旦意识到这点，你就要作好充分的思想准备，想好应付办法。这样在实操时你也就能应付自如，处变不惊，从而使自己立于常胜不败之地。

第三章

如何释放旧情感

第三編

製品別改善事例

有一句话说得好：过去的事情不要再想。这的确是一句不错的人生格言。过去的事情可能给你带来了太多的痛苦和悲伤，如果还要让它们来影响你现在的生活，那你岂不是太傻了！困扰人们的消极情感主要有四种：负罪感、恐惧、悲伤、愤怒。下面将探讨如何释放这四种不良情感。

让人无法释怀的旧情感

人无不与情感世界有着千丝万缕的联系，在某种程度上受情感的支配。但是，你是否对过去的情感经历魂牵梦绕，难以排遣，从而变成了它们的俘虏，被它们所完全左右和支配呢？心理学者和社会工作者认为，一个人没有得到补偿的痛苦经历和悬而未决的情感问题会最终积聚到一个叫作"个人情感化粪池"（这个名称虽颇不文雅，读起来感觉也不怎么样，但它能较确切地表达我们对于情感的压抑和阻扰）的地方。然而，这个"情感化粪池"也并不是容纳所有情感的，它也是有选择的。它里面的情感材料必须是：（1）令你痛苦悲伤的事情；（2）你对之毫无办法，不能弥补的事情；（3）一直在阻抗你的欲求，使你无法达到理想状态的东西。总之一句话，"情感化粪池"中的材料必须是在心里存在了相当长一段时间，已经积聚了强大消极能量的人类情感。

一般来讲，任何痛苦悲伤的情感都可以跑进"个人情感化粪池"中。但是，有四种比较典型的情感，无论它们如何变化，最终都逃脱不了被"冲进"所谓"情感化粪池"的命运。它们是：（1）负罪感；（2）恐惧感；（3）悲伤感；（4）愤怒感。实际上，通过协调或者消除导致痛苦悲伤的种种根源，你完全可以轻松自如、浪漫潇洒地充分享受快乐幸福的人生。

何为负罪感

按照心理学的定义，负罪感是一种"与降低自己尊严和价值感相联系的，违反了道德、社会、伦理原则的，因此需要为此种违反行为做出补偿的心理意识或心理认识"。这种马拉松式的定义读起来确实费力，理解起来也劳神费脑。另一种较为简单一些的对负罪感的定义是："负罪感——由于做了自己认为是错误的事情而在情感方面对自己长期禁锢。在这种禁锢期内，自己无法将自己解脱，表现得被动无力。"这一定义可能相对好理解一些。

负罪感的功能之一，是它能阻止你重新犯同一错误。因为按照人之常情，如果你犯了错误而逍遥自在，没有受到任何形式的惩处，没有任何负罪感，那么，你也就没有任何动力或积极性去竭力避免犯同样的错误。这是负罪感所产生的积极影响。

调整负罪感的第一步，是首先要发现自己有没有负罪感，它是否潜在地影响、妨碍着你正常的行为表现。关于如何发现负罪感，下面的几种迹象可供参考，它们或许对你有所启发：

- 不管生活中的某件事情多么微不足道，哪怕是鸡毛蒜皮，你可能都感到很难以积极、乐观、向上的态度去面对和处理。你总是先入为主地对面临的问题和困难唉声叹气、悲观失望，一副怨天尤人、无可奈何的样子。
- 当一切事情都一帆风顺、毫无障碍时，你反而开始坐立不安，心神不宁，老是感到事情终究会变得一团糟，天终会塌下来。因为你感到自己没有资格、不值得、不配经历生活中的轻松快乐。
- 如果你的生活自然平静，那么你会做某些事情去搅乱这种平静，从而使自己重新陷于自己认为应当"享受"的那种凄惨兮兮、坐卧不宁的状态。
- 你可能在私下嘀咕："我应当……""我本来应该……，然而却……"等，从而使自己的心灵遭受不停的折磨。

- 你自己在整日坐卧不宁的同时，对别人可能采取严加提防的心态，表现得心事重重、疑虑重重，从不轻易相信他人，哪怕他人是真诚的。

对于上述内容，你读起来是否感觉很熟悉、亲切？如果是这样，就说明你很可能在为自己曾经做过的某事深怀内疚和负罪感，因而也很可能在经历长期的情感禁锢。

负罪感通常可以划分为两种不同的类型：第一种，由错误的行为所导致的负罪感；第二种，由于忽视自己的责任而导致的负罪感。当你通过自己的行为伤害他人时（既可以是精神伤害也可以是心理情感伤害），如在背后散布别人的谣言、无故对他人大打出手时产生的负罪感，是错误行为负罪感；当你能够做好某事或应当做好某事却没有做，结果对他人造成了伤害时所产生的负罪感，叫作忽视行为负罪感。

明确了负罪感的具体含义及其两种不同类型后，让我们探讨一下如何调适、处理，或者说"对付"负罪感。

表达被压抑的负罪感的技巧

我们的心理机制，主要是心理阻抗机制，会将一些不愉快的情感，如负罪感、悲愤、哀愁等压制或深埋起来，这使你几乎意识不到上述情感在实际生活中的存在。你经常经历负罪感所造成的种种消极和负面影响，而完全意识不到哪里出了毛病，问题究竟在何处。阻抑负罪感的最重要因素便是逃避痛苦。趋利避害是人之常情，你的理智与情感不愿接触，更不愿接受令人不愉快的事物是完全可以理解的，也不值得大惊小怪。但问题是，如果你常常压抑你的负罪感，那么你就永远不会知道自己到底做错了什么，因而也就无从在错误中吸取教训，化害为利。所以，如何克服纠正你习惯形成的阻抑压制，如何发现真正困扰着你的是什么，便变得极为重要。下面向你介绍一种行之有效的方法：串联倾诉法。

  串联倾诉法是富有想象和创造力的作家们常常采用的方法。而在情感问题的处理方面，心理学工作者也完全可以借用。它具体是用来寻找并发现你负罪感的根源究竟在哪里。事情往往是，找到了症结便取得了成功的一半。串联倾诉不仅仅可以发现负罪感的症结所在，而且还能同时发现其他隐藏在你"情感化粪池"中的消极悲观情感。下面我们通过例子来说明"串联倾诉法"的具体操作。

  首先，请将"负罪感"三个字写在一张纸的左上端，然后，再列出其他的一些内容。这些内容包括如"思想""形象""记忆中的人和事""幻觉与幻想"等。请不要隐瞒或保留你心里所想到的任何事情，全部把它们写下来。首先将你最近所感到负罪的东西罗列出来，是比较可取的；然后，再慢慢回想自己过去的经历，在回忆过程中看有没有其他的问题出现。

  如果你对上述方法感到应用起来不方便或者很困难，那么，你也可以直接找到那些你认为自己曾经伤害过的主要人物，与他们进行面对面、心对心的交流沟通，即所谓的"串联倾诉"。心理学家在应用串联倾诉时，经常发现病人的思路和"母亲""父亲""丈夫""妻子""孩子"等最接近。下面是应用"串联倾诉法"的一个真实事例：

  当阿尔莎一脸痛苦、心力交瘁地走进心理咨询专家的办公室时，她还只是一个23岁的女孩，却早已长期遭受情感禁锢的痛苦折磨。在过去的几年中，她的工作几经变换，却无论如何都找不到一个理想的、能够发挥自己潜力的位置。她告诉专家说，自己的生活毫无目的，感到前途十分暗淡，对生活毫无兴趣可言，就像大海上失去了航向的孤舟一般，随波漂荡，到了哪里算哪里。阿尔莎也曾想去大学里深造，还自学了几门课程，但不知道该主修哪个专业、集中精力学什么。

另外，在过去的许多年里，阿尔莎的男朋友找了一个又一个，几乎如同走马灯一般。但她与每个朋友都只能相处一两个月，之后，便无法继续交往而不得不分手。阿尔莎同母亲的关系相当亲密，几乎可以说如影随形，什么事情差不多都能和母亲谈得来；但她同自己的父亲却俨然是另一种样子。她常常与父亲吵架、翻脸，意见常常不合。"在父亲的眼里，我是什么都不会做的废物。"她痛苦地说。除这些问题之外，阿尔莎常常感到无精打采，四肢无力，而且还受失眠、日益消瘦的困扰。

心理咨询专家要求阿尔莎，将她所认为自己曾经伤害过的人的名字，全部写出来，不管这些人是她间接还是直接伤害过的。阿尔莎试着做了，但她所列出的并没有几个人。然后，专家进一步要求她，把她自己认为应负罪的相关人和相关事也全部列出来。阿尔莎于是又列出了几件自己曾犯过的微小错误。最后，她终于提到了使她深感罪孽深重的一件事：三年以前，她曾被迫堕过胎。

原来，阿尔莎将她因堕胎而产生的负罪感，深深地埋藏进了她的所谓"情感化粪池"。这些年来她一直在抑制着自己,不让自己去想和谈论那次堕胎,因为那对于她确实太痛苦了。发现问题的根源所在后,心理专家鼓励阿尔莎给自己写一封信,把自己的负罪感倾诉、发泄出来,以减轻自己的心理压力,改变目前的生活状态。阿尔莎接受了这一建议,而这可能也是对阿尔莎来讲最可行的办法。下面是阿尔莎写给她逝去孩子的第一封信:

亲爱的孩子:

我满怀歉意地告诉你,三年前我为什么那样做。那时候我的生活是一团糟,一切都乱了套。我刚刚被公司解雇了,失去了工作,因而也就没有了生活来源,不得不整天待在家里,同父母生活在一起。我的父母总是没完没了地唠叨,如果我再生一个孩子,他们绝对不愿意,也没有钱来养活。一天当我告诉你的父亲说我已经怀孕了,他竟然回答说:"你愿意怎么处理便怎么处理,这不关我的事。"然后,他决绝地和我分手了。我感到世界上只剩下我一个人,可怕的孤独在包围着我。

我的妈妈对我说,她和爸爸不论我选择什么,他们都不会反对,但要是让他们去抚养一个幼小的生命,他们无论如何也做不了,也没有能力去做。我感觉到如果把你带到这个世上来，你一定会遭受强烈的反对情绪或者引发家庭的严重的冲突。我感到深深的绝望，精神几乎到了崩溃的边缘。我甚至不知道自己是如何跨进医院大门的。

堕胎以后，我想方设法重新找了一份工作。我的生活比以前有了保障，心情也渐渐平静了许多。然而我不敢也不愿提及堕胎的事情。我为自己做的那件事一直怀着深深的愧悔，无法原谅自己。现在我认识到，如果我当时尽最大努力去奋斗争取的话，应该能够解救你，同时也能挽救我自己。

我要告诉你，孩子，自从那一天起，我就一直没有安生过。我一直在想，如果你能顺利出生来到这个世上，那我的生活将有多美好。我的姐姐有一个三岁的孩子，长得天真烂漫、调皮可爱，第一次见到她的时候，我便不由自主地想起了你。当那孩子在我身边转来转去、欢笑嬉闹的时候，我心里充满了无限的悲伤和痛苦。虽然我是她的姨妈，可从那一次后，我再也不愿看到她。

最令我感到悲伤和绝望的，是你永远也无法欣赏这个世界的万事万物，体会它的神奇美妙、多彩多姿的变化；你将永远不会有自己温馨的生日、热闹的新年、欢乐的聚会、亲密的朋友，也不可能有自己的情侣和孩子。但我要告诉你的是，如果时间能够倒流，事情从头开始，我将永远不会抛弃你。我多么希望,在某个地方、某一天,你用某种方式,原谅和饶恕没有给你一个新生机会的妈妈。我永远不会再犯那种错误了。我也知道会有那么一天,我要和你在一起。

你亲爱的妈妈

阿尔莎的情感是如此沉重和强烈,以至于她用了几天的时间来清理自己的思路和酝酿感情,一连写了前后三封信,才完全把自己想说的话说完,把想发泄的发泄完。以这种方式,阿尔莎走出了情感沉积的死角,克服了下意识的负罪感和对生活的绝望。她恰当地改善了与父亲的关系。不再与现在的男朋友有意疏远,不再冷淡他,而是以真诚负责的态度和男朋友发展关系,结果他们很快便订婚了。她又寻找了一份新的工作,在那里她充分地发挥了自己的潜力和才能。不到两个月的时间,她就被提升为公司的经理助理。阿尔莎好像换了一个人,她已不再是过去经历的牺牲品,不再对过去感到无力改变,她已开始成熟,真正开创独立自主的新生活了。

对阿尔莎的故事,我们还想加上颇具喜剧意味的一笔:在与男朋友结婚之前,她又怀孕了。这一次,她毫不犹豫地让小宝宝顺利地来到这个世界。她对帮助自己的心理咨询专家说："我的心情从来没有像今天这样好。因为我终于有了一个弥补自己错误的机会，我从错误中学到了许多。"

以上我们介绍的"串联倾诉法"（也可称为"书信倾诉法"），是心灵的倾诉、忏悔、是对自己的过去错误的审视和检讨。通过它，存在情感压抑的人往往都能从痛苦和负罪中解脱出来，重新恢复对事业、生活的信心，从而享受丰富多彩的人生。

前面我们谈到，许许多多的人生活中恐怕都有过这样的念头："如果我做了……，那么，事情的整个局面就不会像今天这个样子了。"这是一种极为典型的忽视行为负罪感的心理表现，也就是对于你过去本应该能够做到，然而却没有做到的事的愧疚。恰如错误行为负罪心理对你的影响一样，如果你对过去应做而未做的事情永远怀着负罪感，久久地挥之不去，那么你就成了过去的牺牲品。因此，摆脱这种负罪感同样是极为重要的。从下面的事例中，你或许可以得到许多有益的启示：

比伯今年31岁，是一家木材公司的总会计师。他聪明好学、工作勤奋，与同事关系融洽，深得上司的赏识和器重。可以说，他在事业上一帆风顺，平步青云。因为他在入公司不到三年的时间里，便由普通的一员，升职到出纳员、会计师，最终成为总会计师。现在他又要得到提升了。然而这次提升是公司总经理要求他兼任单位的安全和保卫工作。这对比伯来说是始料未及的，他开始表示了拒绝的态度。但是，总经理和公司的其他高管还是对他纠缠不休，不断给他施加压力，使他左右为难，久拖不决。比伯在与心理咨询专家交谈时，吐露了他不愿接受那一职位的根本原因："当我没有接受过任何专业正规的训练时，我当然不能接受为他人生命负责这样的重大事情，我没有理由做出那样的承诺。而上司的信任只是另一回事。"

然而非常不幸的是，就在比伯刚刚最后一次拒绝接受公司安全监督不久，一名工人跌进了飞转的碎纸机里面，粉身碎骨，惨透了。比伯说："其他人等机器停下来后，把那名工人的尸首弄了出来，装了两桶。"从那以后，那位工人跌进粉碎机里的情景老是不时地出现在他的脑海里，那两桶血淋淋的东西总是在他的眼前晃来晃去。比伯感到自己应当对那位工友的死负责。

比伯对心理专家说："每当我从办公室的窗子向外望去，看到当时的出事地点时，我心里就感到无法忍受，浑身上下都在颤抖不停。我在心里对自己说，'如果我早接受了公司安全监督职位的话，也许就能避免那场意外事故的发生，那位工友也就不会丧生了。'"

比伯深深陷进了一种严重的、普遍的"感情陷阱"。毫无例外，我们每个人都可能会有"往事不堪回首"的惆怅、失落，甚至是负罪情感。你会发现总是有那么一些事情你本来应当做好或避免去做，便可以改变最终的结局。但是，无情的事实往往是，在当时的情景下我们很可能已经尽了最大的力气，你该做的实际已经都做了。请考虑一下，是不是这么一回事。

作为治疗的一部分内容，心理医生鼓励比伯将对那名工友和他家庭的种种情感全部表达、释放出来。这牵涉了许许多多的感情问题，因为比伯是一位情感敏锐、内心世界十分丰富的人。有很长一段时间他痛哭失声，把怒气全部发泄在自己的身上。然后，他以书信倾诉的方式，向那位工友和他的家人做了情感上的检讨和忏悔。这样做后，他感觉到自己心里轻松了许多。另外他还下定决心，如果公司不另外配备、任命一位合格的专业安全监督，他将拒绝去公司上班，心甘情愿地忍受经济上的损失。这也可算作他对公司的报复。如果公司不答应他的请求，他将辞掉工作，另谋出路。

恐惧

恐惧可以说是一种对人类十分重要的情感。恐惧使你警惕和充分意识到一种凶险处境的存在，在这种处境中人们往往会受到打击或伤害。恐惧促使人类的神经系统迅速做出相应的反应：或逃之夭夭、溜之大吉，或全力以赴、一拼到底。

大约在一个世纪以前，著名的旅游探险和心理学家威廉·詹姆斯曾经描述过，在森林中一个人与一头熊不期而遇的情景。他是这样写的：

"当那个人第一眼看到一只凶猛的狗熊出现在面前时，他首先感到自己的心脏开始急速地跳动起来，然后是感觉自己手、脚的血管都在紧张地收缩，眼睛也在不由自主地睁得溜圆溜圆，接着，他感到全身上下的毛孔都渗出了细细的一层冷汗。这时他意识到：自己已经在不知不觉中做好了一切准备，要么拔腿便逃，要么赤膊上阵，与那狗熊拼个你死我活、鱼死网破。总而言之，那个人身体的全部神经已调动起来，进入一种特别的神经紧张状态，准备聚集起全部的精力要摆脱危险的处境了。这里可以看出，那人有可能被狗熊吃掉的紧张恐惧使他临危应变，奋起抗争，因而解救了自己的生命。逃脱狗熊的追踪之后不久，那人的身体和神经便又很快恢复到正常状态。经过这一事件后,他等于给自己上了具体生动的一课:如果没有准备,不该到森林中的未知地域去。

我们谈到恐惧时,它通常包含三个方面的因素:危险、受攻击和无能。危险是指能够造成或产生伤害的环境、处境,而伤害往往由感到恐惧的一方来承担。危险可以来自一头饥饿的狗熊,也可以来自世界上对你有敌意的一切事物。受攻击意味着你可能受到危险的伤害。无能则是指无法克服危险和不能迎接挑战。将组成恐惧的三个因素去掉其中任何一个,恐惧也将不会成为恐惧,它会立即消失。

了解以上原理之后,那么我们就可以看一下,森林中遇到熊的那人如何克服恐惧。首先他可以选择再也不将自己暴露在那种危险的环境中,他永远不再去那片森林,而实际上他再次经受狗熊攻击的概率是很小的(即使在同一地点)。

显然,如果生活中我们所面临的种种恐惧都如遇到森林中的狗熊一样,直接而明白,那么,世界也就太平无事了。但不幸的是,事情根本没有那么简单。

长期心理恐惧造成的心理紧张

现代，我们的恐惧感典型地表现在诸如就业问题、孩子上学、受教育问题、婚姻家庭问题、环境污染问题、人类的最终命运等，这些问题不仅涉及个人、社会、国家，而且涉及整个世界、整个人类。所以这些恐惧感都不是一朝一夕形成和产生的，而是会长期地困扰着我们。也就是说，有许许多多的问题，我们不可能立即采取行动，通过某一单一途径，解除我们的恐惧和危机，达到无忧无虑的理想境地。我们的心理紧张、压抑实际是现代社会的通病、流行病，然而它绝不可能像流行性感冒那样——打针也好、吃药也好，不管不问也好，反正过两个星期它就会自然消失（按照医学界的说法），不再打扰你。现代社会的心理紧张主要来自竞争的压力、环境的影响（如自然环境，居住环境等），消除心理紧张，需要一个长期的过程。

只要你的恐惧感十分活跃，持续不断，那么，你就必定和我们的祖先一样（我们的祖先就是在同对自然的恐惧作斗争的过程中生存繁衍下来的），身体内的生理机制要做出各种各样的决策和反应：要么同引起恐惧感的事物、环境作殊死的抗争，要么就退避三舍。就人类的神经反应机制而言，当你面对一头饥饿的狗熊，面对离婚和家庭解体以及失去饭碗这些不同的事情时,你的神经反应原理都是一样的。问题是,当你摆脱了那头危险的狗熊后(打个比方),你的神经机制对此的反应并不会轻而易举消失,它的大门决不会轻易地"关闭"。相反,你的整个生理机制仍然处在一种高度的"应激"状态,而这种状态会形成一些与心理紧张有关的疾病,如高血压、心脏病、脑神经疾病等,同时也可能导致其他心理疾病的产生。因此,如何处理、应对心理紧张问题是十分重要的。

处理心理紧张问题的基本原则

通过长期的实践和探索,通过大量的临床验证,心理学界已经发现了一些治疗、处理情绪紧张的较为行之有效的方法。这些方法是以下列的 5 条原则为基础的,特别适用于与恐惧感相关的心理紧张患者。这 5 条原则是:

- 确切地罗列出哪些环境使你感到恐惧,以此分析清楚自己心理紧张的根源;这里的"恐惧"是从广义上而言,包括由于害怕被杀死而产生的恐惧,也包括由于得不到社会的认可而产生的恐惧,等等;
- 尽最大努力克服这些引起你心里紧张的因素,比如可以通过培养积极进取型的情感性格等手段去克服；
- 如果你面对的是一种自己无法克服的问题，那么就可以考虑先不去理会它；
- 如果遇到某些问题不得不解决或某些环境你无法摆脱，那么你就要学会"关闭"你的神经系统，转而考虑另外一些不会使你痛苦忧伤的事情；
- 有些导致情绪紧张的是具体环境，它可能会持续较长一段时间，但不是不可以解决。这同样需要你花费较多的时间，比如每天、每周定时来专门寻找解决的办法。功到自然成。当你在固定的时间做完该做的事情后，就完全把它抛到脑后，不要再想它，答案总会找到。

恐惧感所造成的各种严重危害影响是多种多样的。下面是一个具体的实例，从中你可以学到一些如何克服自己心理紧张和恐惧的技巧：

理查德今年42岁。相对而言，他作为一家大公司的部门经理（相当于中层干部），干得相当出色和成功。然而不妙的是，理查德同公司董事会的一名重要成员之间，产生了严重的分歧。理查德整日为此忧心忡忡、坐卧不安，因为他的恐惧不安有充分的根据和理由：董事会的这名重要成员正在暗中操作，要把理查德炒鱿鱼。理查德对心理医生说："不知为什么我总是不能使那个家伙满意，如果他从我的眼睛里消失，我的生活会变得阳光灿烂、美妙无比，现在我却整天愁云密布。"理查德已经充分认识到这个人完全有权力和手段将他从目前的职位上赶走，而且也确实感觉到那人在逐渐朝着这个目标逼近。

理查德竭尽全力采取积极进取的态度，同那位董事会成员改善关系，迎合他的需求，在公开场合支持他的工作。理查德说他为此不惜改变一下自己，降低自己的尊严。然而这一切都无济于事，那位软硬不吃，对理查德的让步丝毫不加理会，反而变本加厉（事后理查德知道董事会早已物色好了代替自己的人选）。

此情此景下，理查德不得不重新严肃认真地审视一下自己的处境了。他问了自己许多个"为什么"，意识到现在他真正需要的不是等待董事会将他解雇，而是需要一份成功的、富有创造性的工作，这种工作应当能够使他身心愉快，发挥自己的积极创造性，且能够被赏识。

有了以上认识后，理查德解决问题的下一步骤便是向其他公司寄发自己的简历。为此他首先克服了由于自己年龄过大而不容易找到新工作的顾虑。但是，理查德的前两份求职申请被拒绝。他接着发出了第三份，申请担任一家大型公司的旅游代理，这次他成功了。

简单而言，理查德认真分析得出导致他情绪紧张的是工作环境，然后他积极进取，花费了大量的时间，终于将困扰自己的问题圆满解决，找到了另一份工作。也就是说．他把使自己心理紧张的恶劣环境转换成了另一种更加充实、回报更加丰厚的环境。现在的理查德不仅工作收入相当可观，而且深受同事的推崇和上司的器重。

以上事例不仅说明在解决心理紧张问题时要善于认清环境和形势，而且它还需要花费一定的精力。下面的另一事例可以说明这个问题：

马加利是加利福尼亚一家大型房地产公司的经纪人，事业办得红红火火，相当成功，今年刚刚50岁。然而在过去的几年里，他的公司积累了许多税务方面的问题。法庭审理他的公司案件量时，宣布根据公司目前的经营状况，完全可以迫使其破产。马加利个人也承认自己完全可以作为罪犯被关起来。公司的税务问题使马加利心理紧张压抑到了极点，这种情绪蔓延、渗透到了他生活的每一个方面。他再也无心去经营管理自己的房地产事务，再也没有兴趣去打高尔夫、网球，甚至也没有心思参加社会活动，也不愿见以前的朋友。"破产"两个字老是在他的大脑中盘旋。

无奈之余，马加利一边寻找律师，一边咨询心理专家。心理专家分析了马加利的恐惧，使他认识到自己的危险来自于税务问题而可能导致的对他的犯罪指控，以及由此导致的生意破产。而对这两点，马加利是无能为力的，他根本无法克服这两种危险的存在，于是，心理专家帮助马加利设计了如下的计划：

马加利首先每天用两个小时的时间在早上认真清理、尽力解决公司的税务问题。然后在其他的时间里致力于处理公司的日常房地产业务。同时，马加利答应继续坚持进行以前给他带来愉悦的休闲体育活动。这样坚持了三个星期，马加利终于发现了一个解决其公司金融危机的方案。与方案相配合的，他认识到以下几点：(1) 他的危险来自于税务问题；(2) 对此危险的存在他是无法克服的；(3) 解决、消除此危险需要时间，需要冷静地处理；(4) 当不具体解决这一问题时，自己完全无法身心放松。

最后，马加利成功地度过了危机。

非现实性的恐惧

在以上两个事例中，理查德和马加利面临的恐惧都是具体和现实的。然而，生活中有些人的紧张恐惧源于很久以前发生的事情，这些恐惧毫无规律，可能突然之间就会影响、干涉你现在的生活，此时你怎么办呢？或者说如果你的恐惧是非现实性的，是一般常人所无法体会到的，这时候该怎么办呢？

非现实性的恐惧包罗万象，比如它可以是一种与乘坐电梯有关的恐惧，也可以是一种与乘坐飞机有关的恐惧。我们已经知道，产生恐惧感的目的在于促使你的生理机制做出反应，使自己免于心理情感或者是身体的伤害。因此一旦你意识到自己的恐惧是非现实性的，你很可能就会追寻这种恐惧的根源所在。非现实性的恐惧一般产生于过去对自己造成过伤害的某些经历。如果你在某些过去的环境中，曾亲眼看见别人经历巨大恐惧的情景，也同样会产生非现实性的恐惧。下面是一具体的事例：

瑞恩是一名25岁的建筑工人。他特别惧怕待在空间狭小的地方；同时，他还存在另一个严重的问题，常常无故发怒。他自己感到这两个问题之间肯定有某些联系。

在咨询心理专家时，瑞恩被要求将"恐惧"两个字写在纸上，接着要求他，将自己想到的与恐惧有关的其他信息，全部写出来。结果如下：

- 恐惧
- 发脾气
- 狭窄的空间
- 被排斥
- 柜子

之后，瑞恩接着告诉心理专家说，小时候他曾深受哥哥的欺负和折磨。在瑞恩8岁时，他的哥哥在其他伙伴的帮助下，常常将他用腰带捆绑得结结实实，然后关到一个柜子里面。而每一次瑞恩都拼命挣扎，大喊大叫，极力想从那只黑乎乎、憋气的柜子里逃窜出来，他怕自己会被闷死。瑞恩说他当时真实地感到了完全彻底的恐惧、绝望和痛苦。由于这种童年的不幸遭遇，瑞恩便形成了一种根深蒂固的习惯：他害怕并尽力避免进入那种可能使他封闭或禁锢的环境。

很不幸的是，瑞恩将他的恐惧感扩大到了其他的许多事物：他拒绝乘坐电梯或者飞机，也不能容忍在人群中挤来挤去……总之，使他感到身体活动受限制的环境都令他恐惧。

现在，瑞恩逐渐感到，自己对狭窄空间的恐惧原来源于他童年的不幸经历，他同时也意识到自己再也不是小孩子，再也不会成为他哥哥或是其他什么人任意欺负的对象。明白了这些之后，瑞恩采取了以下几条措施，以解除自己那可恶的、不现实的恐惧：

- 他认识到自己已是成年人。他的哥哥再也不可能把他捆绑起来，关进柜子里面去；
- 当时他被关进那只黑暗柜子的时候，已经将自己的恐惧、愤怒和痛苦情感完全发泄出来；
- 心理专家要求瑞恩用其他的事情来取代目前的非现实性恐惧，比如能够避免他重新陷入困境或成为他人牺牲品的事情。瑞恩采纳了这条建议。他认为自己首先应当不与那些互相攻击谩骂、互相拆台打架的人为伍。
- 心理学专家还教会瑞恩一种深度的放松治疗法。使用深度放松治疗时，病人被鼓励进入一种极深的身体机能放松状态，然后想象、回想自己那些曾经历过的可怕记忆、幻觉和幻想、自我对话等。这种方法对于消除恐惧效果十分明显。

如何处理被压抑的恐惧

恐惧是人在具体环境、具体事物中由于受到危险刺激后，而产生的主观心理上的一种不愉快或者痛苦状态。而在另一方面，焦虑则和恐惧一样也有着相同的症状表现，如心理、生理方面的痛苦悲伤（包括高血压、手脚部位血管的紧张等）。但是，没有十分具体的事件和环境能够引发焦虑的产生。我们常常说的"无名的焦虑"便是这一道理。虽然如此，心理工作者发现被压抑的巨大恐惧往往是导致焦虑产生的重要根源。因此，如何处理被压抑的恐惧又是一个十分重要的问题。请看以下事例：

奥罗拉是一名16岁的女孩子，性格腼腆，内心忧郁。由于她的妈妈和继父老是埋怨她拒绝和反抗与继父保持良好的父女关系，她不得不找心理医生求助。在与心理医生的第一次会面时，奥罗拉坐在那里看上去极端焦虑不安、心神不定。而当她离开医生的办公室朝大厅走去时，对于来来往往的人，尤其是男性，她总是避开自己的眼光，不去看他们。

心理医生要求奥罗拉将"男人"两个字写在纸上，然后让她把联想到的与"男人"有关的事物全部写下来，结果是这样的：

- 男人:
- 卑鄙无耻
- 令人恐怖
- 继父乔治
- 打骂
- 性骚扰
- 不信任
- 躲避

在心理医生的引导下，奥罗拉向医生吐露了一系列对她来讲如同噩梦般的事件。发生这些事情时，她的年龄是在4岁到12岁之间，正是她生长发育及思想性格形成的重要时期。

奥罗拉4岁的时候，她的妈妈离了婚。在痛苦绝望和孤独失意中，妈妈遇到了另一个离婚的男人。这个男人名叫乔治，没想到他是一个酗酒成性、低级下流、道德堕落的家伙。奥罗拉告诉医生，乔治经常折磨她和她的姐妹们，时常对她们进行性骚扰和身体摧残。奥罗拉对当时情景的回忆有以下这些：在寒冷的雨夜，她和她的姐妹们被关在门外，挨冻受饿；她和姐妹们被迫站成一行，衣服被脱得精光，继父拿鞭子挨个打她们；她被迫眼睁睁看着继父奸污自己的姐妹；继父还一次次奸污自己。奥罗拉回忆说，所有的孩子对这一切都眼睁睁地看着，不敢作声。因为她们都怕继父会把她们所有的人都杀掉，包括她们的妈妈。

当奥罗拉长到12岁时，她的妈妈终于鼓起勇气，痛下决心与乔治离了婚。大约在一年之后，奥罗拉的妈妈又结识了另一个人，很快便结了婚。这一次，虽然现任继父是一位心地善良、彬彬有礼的人，但奥罗拉从来不与他接近，似乎形同路人，彼此之间没有丝毫的亲情。

奥罗拉的行为很典型。它完全是由于过去经受了极为痛苦的身心折磨后，心理失常所致。完全可以理解，奥罗拉已经把她因乔治所形成的恐惧，扩大到了所有的男人身上。她认定所有的男性都是恐怖的：他们道德败坏、低级下流、无恶不作，以玩弄女人为乐趣。总之，奥罗拉认为所有的男人都不能信任。

奥罗拉的情感世界异常复杂，它包含身心的被伤害感、强烈的憎恨感以及负罪感等。而其中最重要的也是对她折磨最严重的，还是那种持续不断的恐惧感。基于这种考虑，心理专家鼓励奥罗拉，将她在与第一个继父生活在一起时所经历的种种恐惧折磨，全都表达、发泄出来，毫无保留。同时要求她将发生在自己身边的事情，把具体详尽的细节和作为小孩子的所有的恐惧情感，都尽量用语言描述。可以想象，这对奥罗拉绝不是容易的事情,需要心理医生的具体指导和帮助。虽然如此,心理医生坚决相信,让奥罗拉在与他面谈时把全部情感表达发泄出来是必须做的第一步,第二步还应当让她在家里把自己的情感写出来。事后奥罗拉本人也承认这样做很有帮助。

接着,心理医生鼓励奥罗拉,让她确切地说出她从过去那些可怕的经历中领悟到了什么,她说主要是对男人的恐惧。治疗便从这里开始。心理医生决定首先采取措施,以消除奥罗拉早已形成的对男人的恐惧。这种方法对于奥罗拉来讲,便是"允许男人逐渐赢得自己对他们的信任,同时自己对他们保持相当的谨慎和提防"。

最后,为了帮助奥罗拉消除其他的恐惧,心理医生又教给她深度放松疗法:鼓励她在保持身体高度放松的同时,回想自己以前所经历过的那些痛苦悲伤的事情。

心理医生用了大约三个月的时间,才与奥罗拉建立了一种比较融洽的关系,医生逐渐取得了奥罗拉的信任。之后,奥罗拉的"病情"很快便有了缓解。她的继父和母亲对医生说,奥罗拉对自己继父的态度以及对其他所有男人的态度,有了戏剧性的变化。又过了不到一个月的时间,奥罗拉以前的压抑情感已经完全释放出来,她和继父建立起一种真诚的友好融洽的关系。不仅如此，她还开始和朋友们走出家门，同男孩子们有了交往。又过了两个月，奥罗拉允许自己和男孩约会。一年之后，我们的奥罗拉小姐和一位海军军官相识、相爱，最终步入婚姻的殿堂。

现实与非现实的恐惧

有时，我们很难区分哪种恐惧是现实的，哪一种又是非现实的，请看如下事例：

乔伊是一位42岁的公司经理，由于经历了一次空中飞行事故，他便不敢再乘坐飞机，甚至一听到飞机在头顶上轰鸣而过，便感到胆战心惊。那次事故发生在高度3万米的海洋上空，当时飞机的安全门被海上肆虐的狂风突然撕掉，飞机失去了平衡，一头向大海冲去。

现在，乔伊对乘飞机的恐惧是现实的吗？在那次事故中他几乎丧生，这是实实在在的。然而另一方面，他对乘坐飞机飞行的恐惧又间接地影响了他的事务和生意，因此也可以说他的恐惧是非现实的。

心理医生在对乔伊的心理恐惧进行治疗时，首先鼓励他，将自己在最近的乘机飞行事故中灾难性的感受和经历，全部清楚详细地写出来，以此种方式表达和发泄释放自己内心的恐惧情感。医生甚至还要求他，假设当时飞机会一直向下冲进海里，自己因此而丧生，这时他的感受会是什么，将这些也全部写下来。下面是乔伊所写的关于当时遇难情景和感受的部分内容：

我清楚地记得当时自己坐在靠近飞机舷窗的位置上，眼睛正在望着外面的天空。脚底几千英尺下面是大片大片飘飘荡荡的白云，很是美观，颇令人心旷神怡。我记得在白云的遮盖下根本看不清大海是什么模样，只能听到飞机在呼啸着平稳地飞行。于是，我从面前的信封里拿出一份报纸，开始阅读上面的一篇文章。

突然之间，我听到一声巨大的撕裂声，同时感到整个机舱在强烈地震动。接着我听到一种"嘶嘶"的声响，有点像某种动物的咆哮。我急忙抬起头，看到各处都是纸张碎片连同其他乱七八糟的零碎东西，正在向我前方大约15英尺的一个大洞飞去。大洞的位置原来有一扇安全门，现在却不翼而飞，无影无踪了。现在，飞机严重地向右倾斜着，歪歪扭扭地慢慢向一望无际、波涛汹涌的大海坠去。

这时，放置在机舱顶部的氧气面罩已全部自动弹射到各位旅客面前。许多旅客面对此情此景惊慌失措，手忙脚乱，失声喊叫起来。他们的脸上全是痛苦的样子。我记得当时自己的感觉是全身一下子变得冰凉，没有丝毫生气。我甚至不愿戴上氧气面罩，因为我感觉肯定凶多吉少。现在回想起来那次事故仅仅是几分钟的时间，但当时感觉好像特别长，就像持续了数个小时，我都快晕过去了。

最终我竟不知怎么把面罩戴上了。当时我可能意识到既然事情已经不可避免，那么为何不作一番准备，作一些抗争呢，或许存在一线希望呢？过了一会儿，我感觉到我们好像被一根绳子拽着，在慢慢向上提。原来，那时飞机已经停止下沉，通过提升高度而逐渐重新取得了平衡，我的心如同一块石头般落下，真是如释重负啊！我听到机长向大家这样宣布："女士们先生们，我们的飞机已经得到控制，飞行高度现在是 18,000 米。我们很快就可以紧急降落了，现在请各位保持冷静，放心吧。"

乔伊很"能干"，一共写了前后四封信来消释自己的情感。接着，医生向他介绍了一系列的放松治疗法。医生着重向他推荐了"放松紧张治疗法"，要求他在保持身体高度放松的情况下，慢慢地重新体验和经历在最近事故中他曾感受到的一切。这样，在经过心理医生精心指导的三个疗程后，我们亲爱的乔伊又在蓝天上飞来飞去,往返世界各地了。

至此,我们可以对"恐惧"作一番小结了。恐惧可以分为两种类型:一种基于现实产生,发生的时间较近;另一种基于精神创伤或者发生在十分遥远的过去的事件。对于前一种类型,我们可以用本章所列举的,处理心理紧张、压抑的原则进行治疗;而对于第二种,也就是非现实的恐惧,可以将其首先释放出来,慢慢将其淡化,采取放松疗法,这在后面我们还有谈及。

但是,请记住,恐惧是我们的朋友,而非敌人。产生恐惧的目的是促使你避免受到伤害。当恐惧一旦干扰、阻抑了你的人生价值、现实追求时,它们就变成了你的对手和敌人。因此,你应当认真倾听自己的恐惧感,善待它,从中学习、吸取经验教训,让它做你的保护神、朋友。换句话说,你不应当使恐惧变成自己人生路上的绊脚石,不应让它成为你生命中的累赘。

悲伤

不经历悲伤的人生恐怕少而又少,而不了解悲伤那将是十分悲哀的事情。心理学家和心理医生感到最束手无策的人类情感,是人们失去亲人(或者最钟爱的人)时的那种沮丧抑郁、悲伤失落的感觉。实际上，失去亲人可能是一个人所体会到的最悲伤的情感经验。其他的损失，诸如离婚、某种关系的破裂、失业、体力的下降、身体功能的丧失以及智力情感功能的丧失等，也同样使人悲伤痛苦，但可能位在其次。但无论哪种类型的损失（如上所列举）都基本是一种自然的结局，为什么人们如此深感悲伤呢？

为何产生悲伤？

孤独感、被隔离感、痛苦的记忆，由于遭受种种损失而导致的精神打击等人类情感，我们通称为悲伤。痛苦悲伤的行为非常明显地表现为试图将自己与失去的亲人或重要物品连接起来。

当某人明显地表现出痛苦、失望以及孤独等迹象时，他人便很容易觉察到此种变化。因而悲伤会使你得到他人的安慰、关怀，进而填补了你的情感空档。人们的情感能量（情感具有各种各样的力量和结果，我们简称其为情感能量）所寄托的，往往是那些自己认为比较重要的人、事，以及各种活动。当你把自己大部分的情感能量寄托到某人或某种事物上，当失去了此人或这种事物时，你的情感必然要走上一段悲伤哀愁的心路历程，久久不能恢复平静。

当你的生活或生命里失掉了某一部分时，悲伤会助你一臂之力，它会想方设法帮助你寻找其他的取代物，以填补你生活的空白和空间。换句话说，悲伤会促使你将自己的情感能量重新寄寓在新的事物上，从而消释了由于痛失亲人或其他事物而产生的悲伤哀愁。因此，千万不要轻易或想当然地认为悲伤是件坏事。

悲伤的层次

前面已经叙述过，悲伤是对遭受损失如死亡、离婚、失业、身体功能失调等现象后，人们所作出的痛苦却很自然的反应。心理学界一般将悲伤分为四个层次，或者说是四个阶段。这四个层次是：

首先，你感到震惊、目瞪口呆、手脚麻目，或者头脑里一片空白。你也可能坚决拒绝相信已经确实发生的事情，认为那是瞎编乱造，天方夜谭。有时你甚至说那"完全是一个错误"。

伴随这种拒绝承认事实和大脑的一片空白（实际上这种反应起着一种保护作用），接着是悲伤的第二个层次：你真正而明显的痛苦和悲伤反应。在这一个层次你极有可能感受到一种刻骨铭心的痛苦和精神、情感的打击；你的眼前可能会出现失去亲人的音容笑貌，对他的一举一动都历历在目，他是那样的熟悉和亲切，如同还在身边一样。接着，你可能会被这样的想法和念头所折磨，从而产生负罪的感觉："唉，如果我早怎么样怎么样，也许事情就会是另一个样了。"

悲伤的第三个层次以情绪低落失望和生活失去正常秩序为特征。你会感到生活已经没有多少意义和兴趣可言，从而变得对事情漠不关心、心灰意冷，甚至任人摆布。

悲伤的最后一个层次，是认可。在认可阶段你开始认识到自己从情感、心智方面受到损失。你认识到损失是无情的现实，是无法拒绝和否认的，虽然承认它异常痛苦。你十分清醒地知道与此损失有关的过去的一些幸福快乐和痛苦不堪的回忆。接着，你开始重新建构自己的情感世界。重新树立自己的形象，从而进入真正解决自己"悲伤危机"的实质性阶段。

应付情感失落的自助技巧

第一，处理感情悲伤的最重要一步，是应当意识到自己遭受了某种损失，允许自己的心理、生理机制感受和释放悲伤。释放发泄悲伤情感的理想途径，正如同释放发泄其他情感一样，是采用书信倾诉的方式。像以前我们所介绍的那样，将自己所感受事物的内容写得越详细越好。比如你痛苦到不能自制，完全可以让自己尽情地号啕大哭、捶胸顿足，直到不再想哭为止。同时，你也可以尽情地想象由于这种损失，你可能会失去所有美好的事物。

第二，你要适可而止，凡事都有一个度，超过了这个度（也就是极限），事情就会走向反面。不要一味沉溺在悲伤之中。当你自己心里老是在想，或者老是对自己说，诸如"我的生活全完了""没有必要再活下去""干脆死掉算了，活着太没劲"这些话的时候，你就干脆停下来，不要再想、再说下去。你应当代之以想或者对自己说这样的话："孤独感实际在提醒和促使我走出家门，寻找和结交另外的朋友。"或者"孤独感有时本来就是生活必不可少的自然组成部分，我能够克服和战胜它。"另外，你也可以用这样的话鼓励、激发自己战胜孤独悲伤的勇气："我期望用不了多长时间，就能够与另外的一些人建立起和谐融洽的友爱关系。"

第三，你要给自己规定一个每日活动安排的日程表。通过强迫自己去从事有益健康的活动，如开车转一转、洗些衣服、做做饭、读些书、看点报、到田野或河边散散步，或登一下山，等等，来抵消和冲淡悲伤忧郁的失意心情。有经验的心理医生常常说服和规劝那些心情悲伤失意的患者，尽快使他们投入到工作或自己的事业中去，禁止他们整天一人闷在家里发呆，这样做往往能收到满意的效果。

最后一点，在很长的一段时间内，要彻底摆脱和忘记悲伤和忧郁也是不可能的。因此，初经悲伤失意情感的患者，每天可以设置一个固定的时间，让自己去感受悲伤。在这段固定的时间里，你可以让自己的心情完全被引发你痛苦忧伤的那些呈现物所包围，充分彻底地将自已淹没其中，尽情地去感受。在这一过程中，最重要的是一边感受，一边发泄。比如只要你想哭喊，便尽情地想怎么哭喊便怎么哭喊，不要有丝毫的保留。你可以向失去的亲人倾诉你的感情，想说什么便说什么。在第二章中我们曾简单介绍了情感释放的一些具体方法，如"模拟倾诉法""书信倾诉法"等，它们对于发泄悲伤的情感，同样十分有效。下面是一个具体的事例。

安娜今年35岁，最近她的丈夫不幸去世。面对这种打击，安娜只觉得天旋地转，感觉自己如同麻木了一般，就是不能相信丈夫已死的事实。虽然她也表现出痛苦忧伤、孤独失落的情感，但她却尽量抑制着，不让自己尽情地痛哭一场。在心理医生的极力规劝开导下,安娜开始试着给她失去的丈夫写信。在写信的过程中,她情不自禁地哭泣,起初是小声抽泣,最后是放声大哭。这说明,"书信倾诉"在引导着她,将自己的情感释放和发泄出来,这是一个很好的开端。下面是我们从安娜的信中节取的部分内容:

亲爱的戴维:

　　我痛苦万分,简直无法向你表达我心里有多么难过悲伤,我不相信你已经离我而去。我不知道如何告诉你我现在的心情和感受。我无论如何也不能让你走。我们曾经共同拥有那么多美好快乐的时光,那么多充满意义的回忆,我就是不能想象,也无法想象如果没有了你,我的生活会是什么样子。现在我对一切都感觉麻木了,神情恍惚,悲不自胜,我的一切的一切,都彻底翻了个个儿,一切都乱了。

　　你曾是我生命中快乐的源泉。我把自己的一切包括情感全部都倾注在了你的身上。我想那样做也并不完全好,因为我现在一无所有,无依无靠了。我如何能说得尽、表达得完我们共同拥有过的美好的生活体验呢?我们共同度过了10个难忘的元旦和新年,20个生日晚会,无数次的畅快旅游,还有我们爱情的结晶——三个聪明伶俐的孩子。所有这些,你怎么能忍心丢下，说走就走，一人而去了呢？

在此之前，虽然我已经给你写过几封信，但我现在仍然不知道，如果我重新开始自己的生活，根据自己的需要做出选择的话，你是否同意。你不仅是我的丈夫、我钟爱的人，而且是我最好的朋友。没有他人能够取代你在我心目中的位置，但是我希望你能够允许我，去寻找另一个人，来与我共同度过未来的余生。我爱你。我想把你放在我心里的某个特殊的位置，在那个位置我将永远把你铭记。而且我知道会有一天，我们还会重新在一起。

你的爱人
安娜

在安娜给丈夫的最后一封信中，她向丈夫请求允许她开始自己的新生活，这说明我们的女主人公已经开始摆脱悲伤忧郁的阴影。在以后不到两年的时间里，安娜结交了一位男友，真正开始了新的人生。

安娜最初在不幸中，首先表现出感觉迟钝麻木，且拒绝接受无情的现实。她对痛苦、失望、孤独的感受和经历并不充分（这是她自己压抑的结果），因而她不会走出去寻求其他亲人、朋友等的同情和安慰。后来当她真正痛苦到极点并无法将其发泄出来时，她感到沉重的压抑、孤独，正是由于此，她才向别人伸出了求援的手臂。这是一个非常关键的转折点，也就是在这个过程中她遇到了另一个人，并与他相识、约会。她渐渐地将自己以前寄托在丈夫身上的一些情感恢复过来，再重新寄寓到现在认识的人身上。但是，安娜意识到不可能有人取代前夫在自己心里的位置。然而在一定程度上，她需要某个人能发挥丈夫的作用。她仍然需要关怀、照顾，需要爱，需要伴侣。

  失去丈夫的这种处理方法也同样适用于其他形式的损失，比如离婚、退休、子女长大全部离去等情况。当人们离婚时，往往起初会感到一切都变得没有了头绪，生活完全没有了秩序，乱了套，强烈的孤独失落会时时伴随左右，这种状况会一直持续到你与他人建立新的关系为止。当你失掉工作时，你往往会有一种绝望感、痛苦感、不安全感（因为没有了保障），而所有这些都在促使你赶紧去寻找另一份工作。当家庭中最后一个孩子长大成人，就要远走高飞时，父母，尤其是母亲必须及时寻找其他的事情去做，以冲淡对孩子的感情，填补失去照顾孩子、与孩子相处的空白。可以说，失落是生活的重要而自然的组成部分。只要能够正确地处理，因损失而使你感到的痛苦与绝望是好事，而不是坏事。

总之，要允许自己充分表达、释放、发泄悲伤的情感，比如可以通过模拟对话、写信倾诉等手段。认真倾听你痛苦和孤独的情感，不失时机地采取行动，弥补和填充自己情感和生活的空白，重新高扬起人生的风帆。如果你在悲伤痛苦中不向他人伸出求助的手，那么你可能要一直迷失在孤独的漫漫人生路上。

愤怒

你是否曾经感到，自己常常为一些微不足道、鸡毛蒜皮的小事而大动肝火、暴跳如雷呢？比如，有人阻碍了你的交通；你上班已经晚点，偏偏遇上了红灯；妻子做了一件不恰当的事情；孩子们要求多给予关心和照顾；老板要求去做一些分外的工作……

如果你对上述问题中的任何一个答案是肯定的，那就说明，在你内心深处埋藏着某种强烈的愤怒情感，你没有很好地处理它。

与愤怒十分接近的情感是烦躁、情绪易被激起、敌意等。所有这一切都是由一种潜在的意识，如曾受过身体或情感上的伤害，曾经遭遇挫折等所引起。我们可以把愤怒形象比喻为一个甜甜圈（甜甜圈是一种中间有圆孔的圆形点心），中间的圆孔里是曾受过伤害的情感,外部则是由受伤的情感所释放出来的其他表现形式。如果你仔细认真思考一下自己的愤怒情绪,你会发现自己"情感甜甜圈"的圆孔中肯定"塞满"了伤疤累累的情感以及悲观失望。这些情感在那里可能已经积存了数年,甚至数十年之久。

　　对于愤怒的情感你也许会将其尽力阻抗在外,尽量淡化或者矢口否认自己曾受过情感伤害以及感到悲观失意的事实。或者,你可能尽量表现得意志特别"坚强",根本不去想什么愤怒、失意等。但是,当你一味坚持"坚强不屈"的时候,你的愤怒情感就会转向你的心灵深处,开始吞噬、侵蚀你可能本来健康的心理。这种状态因而常常会导致许多心理疾病的产生。而且,如果你不能及时将愤怒的情感以恰当方式释放发泄,遭遇挫折和受到伤害的情感将在体内越积越多、越积越强烈。

　　当愤怒开始积聚时,它会在不同的场合,以不恰当的方式"泄露"或者"渗透"出来。你会发现自己变得经常像好斗的公鸡一样,特别容易与他人争辩甚至吵架;你会常常寻找借口发脾气、发牢骚,而且还常常误解他人的行为。你可能还会发现自己常常为一些小事大发其火:比如指责晚饭做得不好,不满同事对自己不太合适的评价,呵斥要求帮助的孩子，等等。

愤怒常常以不恰当的形式发泄出来，最重要的表现便是"转移"（或称"移情"）。与愤怒有关的移情源于过去受到的伤害或遭遇的挫折。愤怒经过转移之后不再对引起愤怒的对象反应，而向风马牛不相及的无辜对象发泄。通常接受愤怒移情的都是与自己关系较亲近的人，如丈夫、朋友、孩子等。另外弱小者往往会成为愤怒移情的对象，如受父母责打的小孩会把他们对父母的愤怒转向小狗、小猫；在学校里不顺心的学生，回家后可能对弟妹大吼大叫等。下面是一个具体的事例：

蒂娜是一名公安汽车驾驶员，今年51岁，却早已遭受周期性偏头疼的折磨。她多方求医问药，然而都无济于事，还是常常头疼不止。有时竟然疼得无法忍受，而且一疼起来会持续数小时甚至几天。在痛苦折磨中，她把自己的烦恼、愤怒转到了她周围的亲人身上：她的丈夫、女儿、儿子甚至孙子孙女。在与心理医生交谈时，蒂娜说："我真想对着自己的头疼大喊大叫，但是这根本不可能。因此我想我不由自主地将郁闷愤怒全部发泄到周围的人身上。"

一般来讲，人们发怒是由于受到了他人或他物他事的伤害。然而令人吃惊的是，我们常常发现，伤害别人的人会对自己的所作所为怀有负罪感，同时他们又不知如何是好。这种状况令人恼火，因为你伤害了别人的同时，自己的情感也不愉快，形成了一个怪圈。

更加令人恼火的是，在这个怪圈中，你用自己不恰当的愤怒所激怒的那些人，常常又把他们的愤怒倾泻到与自己根本不相关的人身上，这就形成了一个循环往复、异常复杂的愤怒、负罪感情的大怪圈，许多人成为这个怪圈中的牺牲品。

心理医生们经常接触到一些患者。这些患者常常说，他们对自己的愤怒已经到了再也无法容忍的程度——即将爆发了。因此我们应当认识到，发泄释放积压已久的愤怒情感固然至关重要，而学会如何采取积极主动的态度，避免让新的愤怒达到危险异常的爆炸程度，更加重要。

排泄愤怒的技巧

排泄愤怒的技巧和方法有许多，因人因事而异。许多人进行剧烈的活动以排泄愤怒，效果非常理想。使用这一方法的优点是，它既不会伤害自己，也不会危害他人，同时最重要的是能够将自己积压的紧张忧郁情绪尽量排泄。为取得良好的效果，采用这种方法时需做两件事：

- 调动你几乎全部的肌肉块；
- 大量增加肺活量，使心跳频率达到最高限度的 60%~80%。

　　一些有益的活动包括长跑、跳高、长途散步、游泳、举重、打球，甚至包括对着沙袋去拳打脚踢，增氧健身等。

　　可以看出，对待愤怒情感的方法有点类似于我们对恐惧的处理，是不是？下一次当你再发火时，请不要将怒气倾泻到与之毫无关系的无辜者身上。你完全可以通过做一些消耗体力的活动，来消除自己的愤怒。而当做那些活动时，一般要坚持 30 分钟到一个小时。当然，只要你愿意，做得越多越好，直到自己筋疲力尽为止。

　　排泄愤怒的第二种重要方法，是宽恕。俗话说，犯错误是人性，而宽恕错误则是神性。意思是，人人都会犯错误，而原谅和宽恕他人则是神圣高尚的。况且，通过体育活动，也不可能将积压的愤怒情感排泄释尽，为此，还需要通过宽恕别人，而使自己的心理和情感归于平衡。宽恕的方法一般包括以下 5 条基本原则：

- 接受他人以某种严重而明显的方式伤害了自己;
- 承认你对这种伤害产生了严重的情感反应;
- 抚慰和释放这种情感;
- 能够确切地总结出从这种情感经历中得到了什么;
- 为了保护自己不再受到伤害,将你的自我保护措施逐条清楚地列出来。

也有的心理学者认为还应该加上一条,也是最重要的一条:首先搞清楚为什么他人一定要伤害你。你会发现,有些伤害是出于有意、敌意、恶意;而有许多伤害却是由于他人的"移情"作用所致,是歪打正着。请看以下事例:

卡若琳是一位有两个孩子的妈妈。她在一家大型公司供职,表现相当出色,深得同事的敬重和上司的赏识。但在家里,她却是另外一个样子。卡若琳对心理医生说:"我不知道丈夫到底是如何忍受我的。我发现自己一直有一种被压抑的愤怒和委屈、失败的感觉,看到所有的男人都气不打一处来。我总是在寻找、留意,试图找借口与某个男人打一仗,或者吵一架。"

通过"书信倾诉",卡若琳列出了过去所有曾经伤害和使她失望的男人名字。这些名字当中最刺眼的是卡若琳的继父。心理医生鼓励卡若琳给自己的继父写一封信,把过去继父如何伤害自己的详细经过和每一个情节,都描述出来,以释放自己的情感。下面是卡若琳给继父写信内容的一部分:

亲爱的继父:

我简直无法相信你竟然是那样的!你对待我的妈妈、姐妹和我如同小狗小猪一般,毫不关心。你在家时整日醉醺醺的,不在家时也同样喝得烂醉。我清楚地记得你经常在精神上和肉体上残酷地折磨、摧残我的妈妈。每当这时候,我和姐妹们都吓得浑身颤抖,躲在角落里。我的耳边现在还常常回响着妈妈的惨叫和我们的哭喊。

那时候,每当你将要走进家门,我们每个人便感到异常恐惧,浑身不由自主地发抖。我记得每当看到你或听到你开车回来,我常常赶紧从家里跑出去,躲到某个地方;同时心里又担心记挂着妈妈是否会被你打死。我感到自己应当保护妈妈,可是我又知道自己根本无能为力,因为你长得那样的强壮。

继父，你现在早已不在人世。对此我要说，我实在高兴极了！你对妈妈和我的虐待，一直影响着我的生活，你对我造成的伤害，我一直无法摆脱，像一个巨大的幽灵在时常折磨着我。我对男人不敢信任，不敢深爱，常常毫无理由地想对他们发怒。但是，现在我明白了。我再也不会把你给我造成的伤害，盲目地倾泻到无辜的人们身上。虽然许多年来你一直在控制着我的生活，使我充满了恐惧。但是，从今以后，你的影子要完全从我的生活中消失了。

可以看出，直到写这封信之前，卡若琳一直是她过去经历的牺牲品。她的行为完全被死去的继父所影响并支配着。通过书信倾诉，卡若琳发现了自己的问题的症结所在，并下决心摆脱继父给她造成的不幸。

在以后的交谈中，心理医生试着引导卡若琳，让她寻找一下继父为何那样虐待妈妈。他自己身上是否存在这样的可能性，即是否她的继父在小时候也受到了同样的虐待和伤害，而他把受伤害的情感转移到了自己的妻子儿女身上呢？

话问到此，卡若琳起初是沉默，继而她抱着头痛哭。

她说是的。问题从此解决了。一旦卡若琳回想起继父在小时候遭受过不公正的待遇，她也就在某种程度上原谅宽恕了他。

在这里，我们应当了解的最重要一点是：当某个人变幻无常，脾气暴躁，对别人充满了敌意、憎恨和愤怒时，可以肯定地说，他是潜在地受了某种伤害，他的失意是在被拒斥的情感里作怪。请记住，打破坚冰，透过愤怒和敌意的表层，你所发现的将是令人伤心的泪水；你的被保护的愤怒会冰雪消融，化为人类的伟大情感之一：同情和宽恕。

释放愤怒的第三种方法，是将你的愤怒诉诸法律，求法律还你公正。

产生愤怒的目的是要防止自己再遭受第二次伤害。在你"放弃"愤怒之前，你必须明白如何避免第二次受到同样的伤害。下面是一些你控制、防止愤怒的具体方法：

- 害人之心不可有，防人之心不可无。对你所信任的人，也要保持一定的戒心；
- 允许他人逐渐赢得你的信任；
- 要时刻睁大眼睛，保持警惕，发现是谁在准备伤害你、击败你；

- 一旦发现某人要伤害自己，立刻让他知道，自己已经做好应战的一切准备；
- 在他人面前要挺直腰杆，不要隐瞒自己的所思所想，所作所为，这叫正大光明，堂堂正正；
- 不要将自己所有的"情感鸡蛋"放在一个篮子里。也即是说，不要把自己太多的情感能量或精力，寄托在某个人身上。如果那样，你便是冒了要将那个人"淹死"的危险，他很可能要反抗、拒绝你；
- 培养积极进取、乐观向上的人生态度，不要避讳表达自己的真情实感。

然而不幸的是，许许多多愤怒的"牺牲"者所理解的唯一语言，是以牙还牙，以血还血，坚决反击。生活中的确也有那么一部分人，敬酒不吃吃罚酒，把别人的让步和宽恕看作是软弱可欺，因而他们会得寸进尺，得尺进丈。世界就是这样，林子大了鸟儿多，生活本来就是一个变幻迷离的万花筒。面对得寸进尺者，你要挺直腰杆，敢于捍卫权利，甚至不惜诉诸法律。当你决定对他人实施反击时，请牢记以下几点：

- 将你愤怒的情感有意识地转化成为建设性的结果（也即自己要下决心战胜对方）；
- 头脑要保持高度清醒。如果你不知道如何有效地利用愤怒情感，那么你的反击可能将是无效的；
- 实现了你的反击计划后，要立即将它忘到脑后，重新开始新生活。

请看下面的事例：

乔尔特是一名16岁的男孩。他先天残疾、智商不高。当到了上学年纪时，他的家人作了各种各样的努力，试图帮助他通过为特殊人士开设的学校的入学考试，但遗憾的是乔尔特没有达到入学标准。公共学校有专门为像乔尔特这样的孩子设置的各种资助，但是，仅仅由于乔尔特的考试成绩距标准差一两分，他便无法进入那所学校，也无法享受应有的资助和教育。

乔尔特的母亲尽了全力，到县城学校甚至更远的地方去申请，但是每一次她都被拒之门外，失望而归。最后，万般无奈之际，她请来了一名律师作为顾问，毅然走上了法庭，状告不合理的教育体制。虽然这一行动是激烈的，但乔尔特的妈妈完全是逼不得已的,作为母亲她不能看着自己的儿子继续成为牺牲者,变成文盲。最后她赢了。而乔尔特在学校的表现也很不错。这是《纽约时报》所刊载的一个故事。

第四章

如何建立情感寄托

第四章

中事変と精蓄高揚

在你的生命里，什么东西至关重要？是你的丈夫、朋友、精神世界，抑或是路见不平拔刀相助、坦坦荡荡、正直无私的品格，还是其他的事物？清醒地了解并认识自己的价值观念是十分重要的，然而这还不够。你还必须学会如何将自己的价值目标和追求表现在行为中，贯彻到实践里。

情感寄托的多面性

　　早在 20 世纪初，弗洛伊德便已经建立了种种关于人类情感投向多样化的理论。这一理论的主要内容是：人类自身拥有相当大的情感心理能量，这些能量会被投向某物质对象或者某种人际关系之中。为了更好地理解这一理论的内涵，我们可以用章鱼的"手臂"打一比喻。我们知道章鱼有八只长的"手臂"用来抓取食物、保卫自己。如果我们假设情感就是章鱼的话，那么它的手臂一次就可以抓住 8 种不同的对象，也就是 8 只手臂可以至少抓住 8 样东西，或者更多。在此假设条件下，你的"手臂"将抓取什么，选择什么呢？为了便于读者进一步加深认识和了解，请看以下关于安东尼和黛西两人情感投向的事例。

安东尼和黛西：情感投向的极端事例

安东尼像"一条勤勤恳恳、埋头劳作的章鱼"。他常常每周工作60多个小时，或者在办公室，或者在家中。安东尼认为，他辛辛苦苦、没日没夜地拼命工作，完全是为了自己的家庭，为了妻子和孩子们能生活得更幸福美满。然而糟糕的是，他的妻子和孩子很少能和他接触、沟通。而当他们试图与他亲近一会儿时，安东尼总是在书桌前忙得头也不抬，总是以为了家庭为借口而不理会他们。这种情况下，安东尼实际是将6条"手臂"缠在了工作上，剩下的两条投在他的妻子、3个孩子和他自己身上。

安东尼对这种状况起初还感觉相当不错。但是数年之后，蓦然回首，他发现自己的宝贝孩子们都陷入了种种困境中：一个开始吸毒；一个由于在商店里偷东西而被关了起来；还有一个由于在学校里学习马马虎虎而被留级，而他本来是3个孩子中最聪明的一个。安东尼的妻子由于遭受孤独冷落的折磨，患了忧郁症。最终，妻子感觉到再也无法忍受下去，她一气之下，带着孩子们与安东尼分道扬镳。

安东尼感到受了极大的嘲弄，他心神不定，坐立不安。他缩回了束缚在妻子和儿女身上的两只"手臂"，完全用在了工作上。也就是说，他现在选择了将全部的情感能量寄托在工作上。就这样过了一年左右，安东尼突然听到人们在纷纷议论，说公司将被兼并，许多人包括安东尼在内将被辞退。这一消息如同晴空惊雷，震得安东尼目瞪口呆。他很快便患上了与严重的情绪紧张和恐慌有关的疾病，如高血压、肠胃炎等。当公司真的被兼并时，安东尼不得不两手空空地走了。

黛西与安东尼的情感投向绝然不同。她将两只"手臂"奉献给丈夫，两只"手臂"分别给予两个孩子，一只"手臂""握着"几个好朋友，两只"手臂"做工作，剩余的最后一只"手臂"，她用来从事几项自己喜爱的娱乐活动，如跑步、健身等。也就是说，她将一只"手臂"完全用在自己身上。

黛西由于种种原因与丈夫分手后，她的生活依然有条不紊，非常平静。孩子们仍然得到他们所必需的母爱和温存。黛西在工作中的表现依然十分出色，报酬也很丰厚，没有生活之忧。在闲暇之余，她继续做她喜欢的事情，从事有益的活动，主动调适自己的情感。她有许多好朋友，只要她需要，他们随时会来帮助她。

然而情况不妙的是，黛西所在的公司成了对手排挤的对象，最后也被吞并了。但是，黛西并没有因此而变得情绪紧张、心理失常。相反，她把临时"多余"的情感能量与家里的孩子们、朋友们共同分享、消遣，同时用更多的时间从事娱乐活动。这样，虽然公司破产，黛西失业，但她并没有因此感到自己也被彻底"吞掉"，只是有点失落而已。在致力于寻求另一份工作的同时，她接受了来自家人、孩子以及朋友们的支持和慰藉，另外，她从娱乐消遣活动中所获取的良好感觉，也大大地帮助了她渡过难关。

你的说与做

在上述的事例中，安东尼经常唠唠叨叨、没完没了地对妻子和孩子们说，在世界上，他们都是他最关心和最重要的人，直到妻子和孩子们弃他而去。起初，安东尼对于自己家庭的解体困惑不已。真到他仔细审视了自己每天的时间分配时，他才稍稍摸着点头脑：他常常每天工作 13 到 14 个小时，睡眠只用 6 至 7 个小时，然后再用大约两个小时的时间做点家里的杂务。他与家人最多的交流和沟通，就是偶尔点一点头，问一声"晚上吃什么"，或者告诉妻子、孩子一句"现在我没有时间，等一等吧"之类的话。

总而言之，我们可以说安东尼是一个口是心非的人，他的想与说并不一致且相当矛盾，换另外一种视角来看，他的做法极端错误，也可以说他是一个伪君子。关于情感投向的最基本问题，是你应当充分认识到：你如何做才是你，不是你如何说便是你。如果你每天用6个小时的时间去考虑自己的妻子和孩子的问题，而又从不让他们知道你在为他们着想，那么这是一种典型的情感投向浪费，是在做无用功。

请再考虑这样一个最基本的问题：什么东西对你最重要？也许对你来说，这是一个太平淡的问题。然而，事情往往是"看似平常却很重要"，充分了解自己，把你感到对自己重要的东西清清楚楚罗列出来，认真审视一番，意义是非同寻常的。罗列的内容，一定要将你的丈夫或妻子、孩子、朋友，其他重要的人际关系、爱好、消遣时间的方式等，全部包括进去。将这些内容罗列出之后，按照它们各自在你心目中的位置，由最重要到最次要地排好顺序。比如，你可能将丈夫或妻子排在首位，孩子在第二位，工作在第三位；或者你的工作排首位，孩子在其次，其他的人际关系在最后。在排序时，最关键的一条，是要对人、事、活动在你心目中的位置，有实事求是、客观公正的评价，切忌弄虚作假。

心理工作者早已发现并证实，要求患者按照上述的方法将有关的事项、人物排序后，再让他们特别注意考虑如何处理与排列在前十位人或事物的关系，非常有助于患者问题的解决。在你将前十位最关心、最重要的事项列出后,请考虑你是如何对待它们的。

你的时间如何分配

你是否在始终如一地按照自己的价值去行事,并为之奋斗不已?回答这一问题的唯一途径,是采取老老实实的态度,将你的日常所作所为仔细认真地审视一番。比如,你究竟怎样度过每一天?每一天的每一小时?你可以将一天的每个小时都列出来,然后将你在每个小时里所做的事情对号入座。

当具体分析自己的时间是如何分配的时候,你会发现睡眠和工作消耗了其中的绝大部分,而大多数人也将此视为理所当然、无可厚非。但是,为了使你知道还有其他东西与自己有重要的关系,我们还应当重点看一下,除了睡眠和工作时间之外,你的其他剩余时间都用来做些什么。实际上,不包括睡眠和工作时间,你每天大约还有八小时的自由支配时间,另外还有周末、放假和度假的时间等。当我们将目光转向具体的一天时,你会发现一些对你不怎么重要,然而却是必不可少的各种活动。比如与别人的闲聊、干一些零活,以及从家里到上班地点的来回往返等。你要将自己所做的一切事情都罗列出来,统计出耗费在上面的时间。客观公正地评估你是如何支配和利用自己空闲时间的。请将你与妻子和孩子谈话的时间，与朋友或熟人交流的时间，锻炼身体、追求娱乐嗜好所用的时间等，都精确地计算出来。

当你做完上述工作后，我们可以问：你是否常常连续不断地观看自己喜爱的运动员们踢球，一看就是两三个小时，而与孩子待在一起只有十几分钟，职业足球赛是否比你的孩子更重要？或者，你在商场里花费四个小时购物，其实观光才真正反映了你的心思所在？"当然不是这样！"你可能会这样回答。如果不是这样，那么你就应当仔细认真地检讨自己的时间分配，看你是否将自己的价值追求贯穿到自己的大部分和主要活动之中，这些活动是否占据了相当比例的时间。

不明智的情感寄托行为

工作狂类型的人

马修今年 32 岁，是两个孩子的父亲。他每周花在工作上的时间最少有 50 个小时。每天当他下班回家时，往往早已精疲力竭，根本没有心思或者精神与妻子或孩子们交流，更不会做点家里的日常杂务，给妻子减轻一些负担。与此同时，马修还陷入了一种普通而又可怕的怪圈：他认为钱挣得越多越好，金钱能够解决一切问题，无所不能地使他奔向幸福之路。就马修目前的工作状况而言，不到 50 岁，他可能就变成一位腰缠万贯、真正经济独立的大富翁了，这几乎没有什么问题。然而，如果他这样一直紧张疲劳地干下去，在没有成为大富翁之前，他已患上心脏病或者与紧张情绪有关的其他疾病了。

　　马修工作顺利的时候，他的自我感觉非常好，对于自己成为一名成功的工程师，他颇为踌躇满志，人们对他也相当推崇、尊重；而当工作不顺时，马修就发现自己多余的精力没有地方排遣和释放。他为没有工作做而变得如同热锅上的蚂蚁，坐立不安，惶惶不可终日，就像丢了魂一般。在这种状态下，他不得不想方设法四处奔走寻找工作机会。这样做一方面是可取的，因为它有可能帮助马修重新发现赚钱的机会；而另一方面，它又使得马修的工作狂情感得到了进一步的发展和延伸。

　　在这里，我们所说的"工作狂"并不是仅仅指在工作上的过分投入和不恰当的追求。实际上，大多数患有工作狂的人，在他们的娱乐休闲时，也同样是用"工作狂"的态度来对待的。比如，他们把本来应该是轻松消遣的一场网球赛，看作是一场生死存亡的战争，要不惜一切地去拼争。他们把对手看作敌人，日常生活中大大小小、鸡毛蒜皮的事情，他们都要表现出自己十分优越、超出别人的样子，如果他们居于下风，就等于要了他们的命。总之，有工作狂的人常常把他们在工作中的竞争、奋斗的一套理论应用到生活中其他的方面。只要你稍稍留意，便会发现有工作狂的人在度假时，他们的样子看上去根本不是在休闲消遣，倒像一个个全副武装的斗士，神经高度紧张地要时刻准备战斗厮杀，赢得他们所谓追求的"休闲"的目的。他们的那种表现，似乎比工作挣钱来得更"狂"一些。

有工作狂的人，如马修，往往是把全部或几乎全部的精力与情感，投注在某一件固定的事物上，还常常带来一系列严重的负面结果和影响。比如，一旦他们所倾心的工作出了问题，没有达到他们的预期目标时，不仅他们自己会遭受严重的打击，他们生活的其他方面也同样会受到严重的影响。心理学家通过与一些工作狂的孩子们的交谈，完全证实了这一点。这些孩子大多来自社会的中上层。他们的父母一般都是工作族，来回往返于工作地点和家庭之间，很少有时间认真地关照自己的孩子。因而这些孩子更加渴望父慈母爱的关怀。但当他们得不到这些时，他们会做一些事来试图赢得它或取代它，甚至还会做一些消极的事情以发泄自己的不满情绪。

赖安便是一个很好的例子。他今年15岁，最近由于扒窃商店里的东西而被关了起来。赖安的父亲在一家染织厂工作，是工作狂类型的人，每天至少工作10个小时，与工作有关的其他活动也占据了他的部分时间。赖安对父亲知之甚少，很少有机会与父亲交流。当他见到父亲时，父亲一般都在埋头工作，不理会他。

在被关起来后，工作人员给了他无微不至的关怀和教育，使他感到有人在照顾他、关心他，他并不是被抛弃和冷落的人。赖安逐渐鼓起了信心和勇气，他对工作人员说：

"在家里不管我做什么事，我爸爸好像都不在乎，也不关心。我常想和爸爸谈一谈，因为我有许多话要向他说，有许多问题要向他问，可他总是忙，我找不到机会。有几次，他曾带我去他工作的地方，但到了那里之后，他又一头扎到工作里了，让我自己去溜达。我记得他带我出去钓了一次鱼，虽然只有一次，但我玩得很开心。我愿意和父亲在一起，渴望得到他的照顾和爱抚。但是我一直都不了解爸爸是什么样的人。我得承认，当我偷东西，惹了乱子时，爸爸确实开始注意了。我看到他咬牙切齿，对我大发脾气，就像疯了一样。然而我却很高兴，因为通过偷东西，爸爸不再忽视我的存在，他感到我是他的儿子，是他生活的一部分了。"

前面说过，有工作狂性质的人，往往事事都"狂"。他们玩起来也不要命。有些人只一味追求挣钱、捞钱、玩乐，却让自己的孩子自由流浪、随意漂泊、不闻不问，认为有了钱便能解决孩子的一切，未免太不明智了。调查表明，大多数走上歧路的青少年，如打架斗殴、酗酒、吸烟甚至吸毒、偷窃、道德堕落等，都与得不到家庭应有的温暖和关怀照顾有相当大的关系。"狂"着做事业的父母们，是否可以将情感多倾注一些到自己的宝贝孩子身上呢？

可以明确地说，有工作狂性质的人的情感投向绝对是不可取的。这种做法不仅会导致个人的挫折失意，而且会严重影响家庭关系。校正这种弊病的特效处方，可以是这样：将原来认为重要和有意义的事情，全部写出来，审视一番，应当清醒地认识到工作只是生活的一个组成部分，绝不是全部。如果过分强调和注重工作，你可能会得到成功的丰厚回报；但同时你也冒着一旦工作失意，自己会被"吞掉"或"淹没"的危险。因此，人们应当善待和尊重自己的家庭、家人、人际关系、娱乐休息活动以及各种嗜好。在日常行为中，充分表现你的选择和侧重的具体事物。如果你看重家庭，那么每天你就应该给爱人和孩子一些温存和照顾，以证明你对他们的情感；如果你认为健康十分重要，锻炼必不可少，那么你就应当经常活动，参加体育锻炼，以实现自己的追求。对你关心、喜爱的人付出时间和精力，你将得到身心的愉悦、情感的满足，避免了情感投向的绝对化，从而也避免了损失。

舍己为人的人

另一种情感投向类型，是舍己为人的人。舍己为人是一种美德，为他人而牺牲是一种高尚壮烈的行为。舍己为人的人往往全身心地投入到解决他人问题的事情上，而没有时间和精力去认识思考和解决自己的问题。他们深切关注、关心别人，而不知道如何关照自己；他们常常花费数小时、数天甚至更长的时间去解决纠纷、调整关系、调适环境，却常常忘了自己。总而言之一句话，舍己为人的人是人格化了的工作狂。其要做的事就是介入其他人的生活，表示对他人的关照，但结果往往出力不讨好，甚至把事情搞得一塌糊涂。请看下面的事例：

吉娜今年42岁，是一家面粉厂的经理，有某些工作狂的性格特点。她将大量的时间和精力都倾注在了工作上面。然而糟糕的是，当吉娜不考虑工作时，便把几乎全部的剩余时间放在解决女儿的问题上。她的女儿24岁，养成了酗酒的坏习惯，吉娜希望能够对女儿有所帮助。她常常连续不断地给女儿公司的老板打电话，寻找种种借口为女儿不去上班开脱。而当女儿最终被解雇后，她又不断地提醒女儿，要去重新找工作，不要忘了几点几分的面谈，等等。在所有家人参加的家庭聚会上，吉娜不断地为女儿的酗酒行为开脱责任，同时又不断向女儿的丈夫解释，淡化女儿的缺点。就像许多舍己为人的人一样，吉娜的行为恰恰起了相反的作用，她实际上等于鼓励、怂恿女儿继续进行自我毁灭的酗酒行为。因为有母亲在后面打圆场，作掩护，女儿根本不用为自己行为的后果而顾虑担忧，因此也没有为自己负责的那种上进心。

而吉娜，她与女儿不同，她感到事情糟透了。她对因自己不能控制女儿的行为而心烦意乱，内心遭受着痛苦和折磨，而她的这种心情又不愿向家人表白。她唯一能够得到的平静的时间，是女儿偶尔不喝醉酒的几天。实际上，在女儿正常的时候，吉娜也并不能够彻底解脱：她必须提防女儿下一次喝醉，再给她带来情感上的打击。

在这里，我们看得很清楚：吉娜使自己变成了受害者。尽管她作出了种种努力，想方设法关心爱护女儿，但这些都是没用的。只有当她放开自己的手，真正让女儿自己关照自己时，事情才可能有所改观。当吉娜回顾自己对女儿情感投入的效果或者回报时,她发现唯一能得到的,是当女儿不醉酒时,她心情的暂时平静。

吉娜通过心理咨询,对女儿的问题有了圆满的结论。她认识到必须学会支持女儿采取具体明确的措施以纠正她的不良习惯;同时,对她的不良习惯和行为,绝不再替她开脱、找借口,或表示同情。当吉娜的女儿在正确的道路上有了进步时,她赢得了周围的注意、赞赏和支持。吉娜终于看到了希望。她将原来倾注在女儿身上的情感,转移到其他的人和各种活动上,这促进了她进一步的自我实现,生活也比以前更加充实。她有更多的宝贵时间与丈夫交流、沟通;有更多的机会与家人打高尔夫、游泳、登山、滑雪等等。这样吉娜不仅解救了女儿,同时也解放了自己。

应当清楚,"舍己为人"并不意味着事事为他人着想,事事都要插手,那样做的效果可能会适得其反。在一对夫妇一个孩子的家庭模式下,祖父母、外祖父母、爸爸妈妈往往将家里的小孩视为掌上明珠、心肝宝贝,恨不能将他们含在嘴里。小皇帝们往往过着衣来伸手、饭来张口的优裕生活。他们不知生活的艰苦,不知创业的艰难,不能形成坚强的性格。在亲人的包围中,真不知他们的明天会怎样?其实,温室里培养不出参天的大树，溺爱中的孩子很难长大成人，为人父母者应当放开紧紧捆缚在孩子身上的一只只"手"，让孩子充分自由地经风雨、闯世界。一味地舍己为孩子，到头来可能害了孩子，也害了自己。

杞人忧天类型的人

现代社会困扰人们的问题无穷无尽，家庭、社会、污染、人际关系、孩子上学等等，都是必须面对的问题。对这些问题持客观冷静的态度是必要的。如果仅仅为了这些问题而整天提心吊胆、忧思重重，甚至吃不好饭，睡不稳觉，就成了杞人忧天者，这大可不必，因为那样的人生便没有了什么乐趣可言。下面就是一个很好的事例：

贝丝是一位老太太，今年68岁。她的行为与杞人忧天者颇为相似。因为她总是在为自己的孩子们、孙子孙女们操心，总是担心他们会出问题或有什么不圆满。她的生活信条似乎可概括为一句话：生活便是忧虑和操心。

贝丝的问题在于，虽然她在不断地为孩子们奔波、操劳，然而她却享受不到精神的满足和幸福。当她解决了一个问题时，另一个问题便接踵而来，继续困扰她。这样，她的生活便充满了一系列的潜在危机,她实际形成了一种潜意识的心理,在"等待"问题的出现,由此她逐渐对人生产生了悲观失望的情绪。生活对于她,就是要不断像消防队员一样,随时去消灾灭火。

通过咨询和思考,贝丝知道她情感倾注的唯一收获和回报,便是将自己不断推向了问题和麻烦之中而不能自拔,这无异于是一种自找麻烦和自讨苦吃。基于以上认识,贝丝痛下决心,把自己的时间和精力倾注到自己所能做的事情上面:要与已经退休在家、年近69岁的先生出外旅游。当孩子们需要她时,她仍然伸出援助的双手。但是,现在她绝不再等待着孩子们的危机出现。她采取了一种"眼不见,心不烦"的哲学,当与先生周游全国各地、阅尽人间风景的时候,她绝不再去想儿子女儿,或者是孙女孙子们的烦心事。贝丝的这种情感消遣的办法效果特别理想。在她准备下一次为期3个月的长途旅行时,她给曾指导过自己的医生写信说:"我以前为自己的孩子们受累操心,弄得都快成枯木朽株了。现在我要从他们的身边'淡'出去。我仍然像从前那样爱他们,但是我想我已认识到自己没有能力控制发生在他们身上的一切。以前我把自己的婚姻生活切割得七零八碎,将时间和精力全部用在了孩子们身上,而没有很好地关照一下自己。

另外，我还意识到，孩子们有他们自己的生活，有他们自己的天地，他们像小鸟一样终究要长大。我和先生最多还可能活10年或者15年，时间已经不多。我的确认为丈夫和我一生中做了许多事情，理应享受退休后的幸福快乐、自由放松。"

明智的情感支配者

　　生活中，不乏有人将自己一生的情感追求寄寓在某一方面而矢志不渝，雷打不动。用一句通俗的话说，就是这类人将他们的"鸡蛋"全部放在一只竹篮里。此类例子不胜枚举。著名拳王阿里一生为了自己喜爱的拳击事业而倾心以付，屡败屡战，愈挫愈奋，终于独领世界拳坛风骚几十年，成为千百万人崇拜模仿的对象。像神话一般的芝加哥公牛队篮球运动明星迈克尔·乔丹，更是视篮球为自己的生命，他的出神入化、超群绝伦的技艺使多少崇拜者如醉如痴，乔丹因而成为世界的骄傲。南非黑人运动的领袖曼德拉，为了黑人的自由权利和解放事业，颠沛流离，遭受各种各样的磨难，包括十几年的铁窗生涯，然而他初衷不改，为黑人的正义事业而奔走呼号，奋争不已，最终赢得世人的尊重、国人的认可，成为南非的领袖。

一个典型的事例

克利斯今年39岁，是一名关于婚姻家庭和儿童问题方面的咨询专家。他的特点是将自己的情感合理地分流到各个方面，成功地协调着自己的事业和生活。他已经结婚，有两个孩子。每天，他至少有半个小时与妻子沟通交流，共同商讨处理家庭中的事务；对于两个孩子，他每天至少和他们待上一个小时，回答他们的问题，了解他们的表现，给他们必要的指导；而每当周末，他会花费更多的时间和孩子们共同休息、娱乐。克利斯能够很好地调适环境，他与家庭成员间关系和睦，其乐融融。他们几乎有着共同的追求和爱好。克利斯是高山滑雪的好手，而他的两个孩子也都喜欢滑雪。正是在与家人的融洽共处中，克利斯实现着自己的需要和价值追求。

作为一名婚姻家庭和儿童问题的咨询专家，克利斯非常忙碌，咨询者络绎不绝，他几乎应接不暇。他每周一般工作都在40小时以上。但是，克利斯早就给自己作了一条明确的严格规定，即他在周末谢绝一切患者的来访，平日准时上班，下班时间一到，便立即关门回家，与家人团聚。另外，克利斯还有丰富多样的娱乐休闲方式，他喜欢各种体育活动，如高山滑雪、风帆运动、高山自行车、打网球、踢足球等。

也许你不会相信，克利斯这种将情感分流的方法不仅没有影响他的工作，相反，丰富多彩的活动给他带来了无限的生机和活力，他的工作业绩甚至比那些"工作狂"都要好。他现在甚至还能抽出一些时间，为一个关于弱智儿童问题的研究项目而作出努力。克利斯曾就自己的生活作过以下的描述：

"我的一天通常是这样安排和度过的：大约在早上7点钟起床，到楼下去冲一杯新鲜的咖啡，坐下一边喝一边翻着我前一天处理的病例。接着，我或者阅读一下当日的报纸，或者听一听广播，了解一下世界各地的最新消息，这些大概用10分钟的时间。然后，我就跑步，或者散步，一般走三英里。回来之后，我就会感觉特别舒服，开始洗漱、刮脸。洗刷完毕，用早餐，之后吻别妻子和孩子，出门上班去。

我从上午9点开始接待患者，一直持续到12点。从12点到下午1点30分是我的午饭和休息时间。每周有三天的午饭时间我是自由的，通常，我吃过饭后便去体操馆做一些放松训练。另外的两天，我的午饭时间里会安排一些特殊的会面、会议等活动,这样我就要一边吃饭一边处理事情。大约在下午1点30分,我又开始接待患者。下午一般我只能接待4名咨询者。下班时间一般是在5点30分。有时实在脱不开身,最多延长到6点30分。

下班后,我就风尘仆仆,往往是急不可待地往家赶。回家后的最初一段时间是忙碌的。在这期间,大家都是饥肠辘辘,尤其是孩子们,更是饥不可待。我首先帮助妻子下厨房,或帮烧菜,或帮做饭。7点钟左右,全家人便围坐在一起用晚餐了。晚饭之后,我用一个到一个半小时的时间和孩子们待在一起。除了了解他们在学校里的表现外,我们通常的活动要取决于季节的变化。在夏季,我会和孩子们到后院的泳池里游泳,或者骑一段自行车健身;在冬季,天黑又冷时,我们就在室内做些活动,比如做体操或一起看电影等。孩子们一般在8点30分上床睡觉,这对他们是非常理想的时间。

直到9点以后,我才真正单独和妻子待在一起。这段时间通常持续半个到一个小时。我和妻子一般各自谈论一天中的所见所闻和感觉,商量将来要做的事情、如何处理孩子们的事情,等等。在10点钟左右,我和妻子各自看一点书,处理一下明天要做的事。在11点或者11点30分左右,我和妻子休息睡觉。

周末对我和全家人来说是最轻松愉快的时刻。我和家人约定，在周末，大家要尽兴地玩、尽兴地享受快乐、刺激、放松的活动，谁也不能在床上睡懒觉。我们相信在周末尽量快乐和放松是给自己的身体"电池"进行"充电"，它有助于我们成为社会中更加优秀的人。因此，在冬季的每一个周末，我们都出去滑雪；在春季和夏季，我们的大部分周末都到游乐园去，或者出外野营、兜风。我必须承认，我感觉生活是非常美好的。8年以来，我和家人的生活模式一直是这样，不想有所改变。我们家庭成员之间一直恩爱和睦，充满幸福和活力，没有什么不愉快和冲突。"

在这里，克利斯将他的时间和精力以及情感，较合理地分配在了他的家庭、妻子、工作之间。这样，他的生活变得丰富多彩、异常充实，而不是单调乏味地集中在某一方面。如果我们把生活比作一张菜单的话，那么克利斯是在尽量品尝里面每一道菜的内容和滋味，因而他的生活不存在"营养不良"的现象，他充分地享受了生活的无限乐趣。但这并不是说，克利斯的家庭就永远风平浪静，没有一点矛盾，那是完全不可能的事情。当克利斯的工作或者家庭出现问题时，他往往能持冷静的态度，用前面我们所述的积极进取、乐观向上的主动态度将它解决。他能进能退，能取能舍。最关键的一点是，心理专家通过与他的接触发现，克利斯的行动总是与自己的价值观念和目标相一致，从不背离，这是他的事业、生活成功的最根本原因。

情感寄托的调适

如前面内容所述，在社会中，人人都有自己的情感寄托和追求。但是，一旦你情感寄寓的人、事、物突然间从生活圈子中消失，不再与你朝夕相伴，那么你的感觉和反应会如何呢？生活中类似的例子有许许多多，比如父母辛辛苦苦抚养的孩子一个个长大后，都像长硬了翅膀的鸟儿一般呼啦啦飞走了；又如退休在家、离婚、丧失亲人，等等。这些都是遭受情感损失打击，出现情感寄寓"真空"的情况。物理学上有一原理叫作"能量守恒定律"，意思是指世间的能量不会消失，它只是转换成其他存在形式而已。如果把这一规律应用于心理学，它指的就是一旦你情感能量寄托的人永远不再与自己一起，或者你情感能量寄托的某些活动永远不能够再做后，你的这种情感也不会随之消失或跑得无影无踪。它还会与你同在，因而必须将它引导到其他的人或事物上面去。

当失去情感寄寓的事物时，我们的生活便出现一个巨大的裂痕或者"真空"，你必须及时修补它。

过程价值与终点价值

漫漫人生路，是否有这么一种神奇的生存状态：在那五彩缤纷的彩虹后面，就是亮光灿灿的金子呢？也许会有那种情景。但是你要把那金子看作一种追求过程的价值，而绝不是终极价值的实现。为了更好地理解这一点，你应当将两种不同的价值区别清楚。这两种价值是心理学家早已发现的，它们是终点价值和过程价值。终点价值指已经取得、完成的目标追求；过程价值是指你为达到目标所采取的种种方法和措施。

无论何时你达到一项目标追求或完成一个计划，它会给你一种暂时的满足感，使你充满快乐、幸福，使你感觉到自己的能力和魄力。因为，你的情感寄托和目标追求获得了成功和回报。但是，一旦你有了以上各种愉悦的感觉后，它们往往很快地消失。因此，我们将这种成功看作人生驿站上的暂时停靠，把它看作人生一段时期的终点价值。这种终点价值的主要功能，在于让你知道自己在做些什么。其实它很容易理解，比如当你接过博士或硕士文凭后，那种兴奋的心情能够持续多久？又如，结婚之日的浪漫与激情又能持续多久？

终点价值与过程价值相比较的话，应当说后者更加重要，因为它代表了人类生存的实质和精髓。人生的意义就在于不断奋斗、不断追求、不断"自讨苦吃"。我有一次曾对一位年仅26岁的朋友说，如果现在让你做国家元首，而你的年龄要变成76岁，你干不干？他毫不含糊地回答：不干！我想这位朋友十分了解生命和青春的价值与意义。在研究生毕业后，他只身一人由美国到中国去闯世界了。实际上，人一旦停止奋斗与追求，那么他的生命也就要结束了，因为那样便失去了生活的动力。

前几年，某文摘曾刊登了这样一则短文：

某一讲演者在台上侃侃而谈：人生的价值在于追求而不在于实现。台下有人站起来反问道：那您认为在一个雨夜追赶最后一辆公共汽车的滋味如何？讲演者哑然。其实，讲演者只说对了一半：人生的价值既在于追求，也在于实现，但实现是暂时的，追求是永恒的，实现了以后还要追求新的实现。

所以，如果你想成为一个受人喜爱的、友好的、有高雅追求的人，那么，你就要将这种价值追求表现在日常的行为中，体现在具体的行动里，持之以恒地去做。或者打一个比方：被邀请参加一个盛大的舞会是一回事，而你能够在那里唱歌、跳舞，轻松快乐地融入其中，那才是最重要的另一回事。

第五章

如何放松自己的身心

第一章

如何放松自己身心

我们的心灵和身体从实质上讲更趋向于一种安静祥和、自然放松的状态。但日常生活的奔波、操劳、奋斗、竞争却常常使我们长期处于紧张焦虑中不能自拔。通过下面介绍的这些放松技巧，你将可以消解各种紧张不安的状态，从而使得自己的身心回归自然。值得注意的是，首先你要从心理、思想上允许自己放松，然后要选择或创造适合做放松活动的环境。同时，你还要避免让其他的想法和念头来干涉自己。比如，不要心里老想着"我应该做其他的某某事情"，而应当想"放松能够使我在生活中各个方面的能力得到加强和提高"。这样，你的身心就能得到彻底的放松。

心理情感的放松

生活中人人都有苦恼，都有烦心事，都有一本要慢慢学着念的"经"。比如：有的人为金钱而发愁，有的人因处理不好人际关系而处处罣碍、碰撞，有的人因工作压力大而精神忧郁，还有的人因家庭问题而苦不堪言，等等，不一而足。现在，如果你有诸如以上种种烦心事的话，请把它们想象成是写在一块黑板上的文字，然后用几分钟的时间盯着黑板，集中精神审视写在黑板上的具体内容。

现在，请想象你正在用黑板擦将上面的内容擦干净。在擦黑板的时候，一边想象那些烦心事被擦掉了。然后再用几分钟的时间检查黑板上是否干干净净，直到你感到自己心里也是一片空白，无事一身轻。

然后，想象自己正在经历一次快乐、刺激和浪漫的旅游度假，就像自己正在做一个栩栩如生、真真切切的白日梦一样。让你的想象和你的幻想，把在电影中看到的热烈庞大场面，还有你所能回想起来的其他形象混合、交汇起来。比如，你完全可以这样想象：

你正在从一片浓荫蔽日、风景宜人的棕榈树林中走向暖暖的海滨沙滩。这是一座风光旖旎的热带海岛。在这里，你不受任何事和任何人的打扰，宛如身处一处世外桃源。现在正是午后时间，天气正热，气温大约有30℃。太阳挂在天空，有点像燃烧着的金黄火球，天空是一片深邃的湛蓝，万里无云。在阳光下，海滩上的沙子金光闪闪，又有点发白，好像在吱吱作响。

向海边走去时，请感受和体会光脚丫踩在那热热的沙粒上的滋味；感受暖洋洋的阳光给予自己身体的爱抚和沐浴。从胸部到肩膀一直到身体的其他部位，请自己细心审视一下，认识一下自己。同时，注意倾听那来自大海波浪的呼啸声、冲撞声。当你走近海边时，大海波浪汹涌翻滚的涛声会越来越大，令人惊心动魄，心荡神驰。

来到海边后，你会感受到那凉爽、潮湿、绵软的细沙，看到那弯弯舒缓、极有节奏的无边的海岸线。看远处碧海蓝天，波涛阵阵；看远处红墙灰瓦，树影婆娑；看水天一色，想宇宙洪荒。你可以走进海水，迎着波浪，感受它对你的脚、腿的抚摸、冲刷。然后看它冲向岸边，倾听海浪返回时的嘶嘶声，体会那种下沉的感觉，就像波浪要把自己脚底的沙子全部"挖走"一样。

你可以转过身换一个方向，沿着海岸走去。这时暖暖的太阳光会倾泻到你身体的一边。每迈出一步，你都感到心情会变得更加惬意轻松。这时你可能会感受到一缕来自海上的清风，如雾般洒在皮肤上。尽情享受带着咸味的海上空气。舔一下嘴唇，你会品尝到海风带来的一种淡淡的咸味。也许，你会发现埋藏在沙中、露出半截的一段饱经风霜的木头，不知它在向你诉说着怎样的一个个神奇探险故事呢？在沙滩上，你还会看到一团一簇的青绿或青棕色的水草在浅水里懒洋洋地随波逐流、上下漂浮。远处一只鬼头鬼脑的沙蟹正在打一个洞，看到你到来，一下便钻到一根木头底下去了。海鸥在远处的波峰浪谷间出没，盘旋、欢叫。而不经意地抬头一看，说不定还有另外的几只海鸥在那里打着圈儿飞翔呢。过一会儿，你会注意到海鸥们沿着海岸向远处飞去，它们那嘹亮清脆的叫声渐渐从耳边消逝。

你来到一片凸起的沙滩上，那里长着一些深色漂亮的紫罗兰。你在那温暖的沙滩上仰面躺下，手脚舒展，闻着那甜美的花香，看着、听着那碧波荡漾的大海。这时已是夕阳西下的时候，太阳的余晖反射在大海上，一片波光粼粼。

随着太阳的逐渐西沉，你的心灵变得越来越平静，身体也越来越放松。当太阳完全落下时，你的身心会进入一种深沉的自由放松状态。请观看那丰富多彩的天空：它正在变成深红色……浅红色……淡紫色……金黄色……橘黄色。看着那一轮巨大的火球慢慢融入西边的天际后，你会整个身心都沉醉在一片天鹅绒般的七彩余晖里。

蒙蒙眬眬、迷迷瞪瞪中你抬头一看，发觉已是繁星满天。你会分辨出北斗七星的轮廓，耳边依然回荡着大海的涛声。看那天鹅绒般蓝色的天空，多么神秘和高远。认真感受身体下面那绵细柔软又温暖的沙粒，体会那由海上吹向陆地的微风，轻尝滑入口中的淡淡咸味。在这夏季的夜晚，在这个热带的美丽海岛，你变得心安神静，神清气爽，忘却了世间的一切烦恼和忧愁，获得了彻底的放松。

请让这种放松的情感保持下去，恢复到你原来的状态。也就是从你刚才的幻想、想象世界回到现实中来。这时，你不仅仅感到平静和放松，同时会感到像变了一个人一样，精力充沛、活力无穷，自我感觉相当满意。现在，连续再做五次深呼吸，同时想象你抓起了一把海边的沙子。让沙粒慢慢地从手中滑落，一边数一……二……三……四，直到做完五次呼吸，然后，你的平静和放松便得到了进一步加强。

如果利用以上方法和技巧每天做两次身心放松练习，坚持两个星期后，你将发现自己的心理、情感健康状况会越变越好。

神经系统的放松

神经系统的放松涉及"自我建议"这一技巧的运用。而"自我建议"与"自我假设"有关。在后面我们将探讨"自我假设"。首先我们要向读者介绍一位叫作舒尔兹的德国科学家发明的一种方法。这种方法叫作"自我训练法",主要用于神经系统的调控。最初创制这一方法是为了使德国体育运动员充分放松的同时,提高他们的注意力,从而提高竞技运动水平。"自我训练法"的理论假设和根据是:如果你向自己不断重复说一些建议(即自我建议),同时想象着自己体内会产生某种灵感或者情绪的话,那么你的神经系统功能便会真正开始产生这种情感,这实际是一种诱发功能。

舒尔兹的自我建议法包括:在两肋间和腹部制造一种厚

重感和温暖感，大脑要保持清醒和冷静，心脏跳动要平稳有节奏，保持正常水平，呼吸要轻松自如，不能紧张。总之，在做神经系统的放松时，首先要求做到身体各部位的彻底放松。研究表明，处在紧张状态下的人首先表现在脖子、背部和肌肉的高度紧张，而这对神经放松是极为不利的。下面是做神经系统放松活动的具体步骤：

首先保证自己所处的环境是绝对安全的。在这里，你无须做任何其他事，也不用去其他任何地方，不用处理任何问题。然后用 20 到 30 分钟毫不受干涉打扰的时间，让自己的心灵和身体恢复到平静自然的放松状态。如果在这段放松时间里，你的心思有些走神，那么就用你的建议和想象把自己的心思轻轻捡回来。

开始时，先让你的呼吸变得轻松自如、缓慢而深沉有力。吸气时，让你的腹部随着提升；呼气时，则让腹部随着复原。当你在说那些自我建议时，不要抱着"赶紧向我证明其效果"的态度，而是应当意识到是你在让它们发生，且想象着你正在看着它们发生。让你的建议与呼吸同步：将每条建议重复十次，在这十次的重复过程中，每次与一次呼吸同时进行。特别是在呼气时，将心思和精力全部集中在你说的话和同时产生的情感上面。另外，一边想象你在重复自我建议时大脑中产生的一些精彩形象。也就是说，在做神经系统放松活动时，你必须同时在做两件事情：将每条自我建议重复十次，在重复的同时一边想象大脑中产生的辅助形象：

- 我的手与臂正在变得越来越松弛和沉重；
  辅助形象：我的双手和胳膊感觉正变得好像两条又湿又重的毛巾一样。
- 我的脚和腿正变得越来越松弛和沉重；
  辅助形象：我的双脚开始感觉到变得好像两条既湿又重的毛巾。
- 我的颈部和背部正变得越来越放松；
  辅助形象：我颈部和背部的肌肉感觉好像一盘煮熟了的面条。
- 我的面部正变得光滑细嫩；
  辅助形象：我的面部正变得像婴儿的小脊背一样细嫩柔滑。
- 我的手和双臂正变得温暖而舒适；
  辅助形象：我的双手和双臂好像两条刚刚从热气腾腾的蒸汽锅炉里捞出来的毛巾一样。
- 我的脚和腿正变得温暖而舒服；

辅助形象：我的双腿和双脚好像两条刚刚从蒸汽锅炉里捞出来的毛巾。
- 暖流正涌向我的腹部；
辅助形象：我的腹部感觉像我刚刚饮了一杯浓浓的热咖啡。
- 我的心脏跳动得舒缓而有节奏；
辅助形象：我的心脏跳动正如那久经岁月风霜却依然"嘀嗒嘀嗒"不停的老钟表，走得坚定正常而准时。
- 我的呼吸轻松自如，毫不费力；
辅助形象：空气好像专门为我而存在——像习习的微风吹进我的肺部，又轻松地飘出。

下一步，在每一次呼气停顿的间歇，集中心思和精力，让每一次停顿成为下一步更加深沉放松的准备。在下边的十次呼吸中，从"10"数到"1"，每次都进入更深层次的放松。数到最后的"1'时，你的身体应当进入彻底的放松了。

在做以上练习时，如果有某些私心杂念或者恼人的情感打扰得你不安生，那么不管这些干扰是什么，你都可以把它们想象成是来自某处的收录机在捣乱。然后，你想象着自己正在伸出手，轻轻握住收录机的音量按钮，把它的音量减小，减小……周围变得越来越安静。想象着那来自收录机的干扰正逐渐变弱,直到最后完全归于一片寂静。

第六章

如何应对突发事件

第六章

中国通区突发事件

自有人类,便有追求与梦想。我们有着五彩缤纷的梦。但是,生活中不仅仅有鲜花和美酒,还有痛苦和眼泪、悲剧和噩梦……而一旦你最可怕的噩梦真的变成了冷冰冰的现实,你将作何反应呢?最好的应付办法,是将我们已经研究学习过的三种情感力量结合起来,处理所遇到的困境。与情感力量相关的三种关键措施是:1.合理引导、释放情感,从情感经历中吸取和学习;2.进行放松学习和形象思维练习;3.寻找并发现自己的影响控制力范围。以上措施的中心依据在于,任何痛苦的情感经历一旦得到完全释放的表达,那么其他的任何一种念头、记忆或者想象都可能对痛苦的情感进行抚慰和淡化,也就是它将被一种深层的放松所中和、消释。一旦你将自己的情感合理引导和释放,并且了解、知晓了它要告诉你什么之后，你的情感也就"释然"了，它将不会再来找你的麻烦。

深入你的情感内部，看一下它们的组成要素：1. 你的心理反应；2. 你的行为；3. 你的认识和思想。

通过各种放松学习和活动，如果你能够消除自己身体的心理反应以及痛苦经历的行为因素，那么，无论你想象什么或幻想什么，你都不会变得躁动不安，更不会火冒三丈甚至一蹦几尺高。因此，问题的关键在于，如何在痛苦的幻想或经历中，学会达到深度的放松。

系统减感法

系统减感法由心理学家约瑟夫·伍尔普发明,具体做法是先让患者进入一种深层的放松状态,然后让他去想象一系列焦虑状态逐渐升级的情势和环境。在准备阶段,每一个患者必须做出一个伍尔普所称的个人焦虑的等级序列。它包括让每人列出数个引起焦虑的具体环境,从轻微到中等直到最终排列起来。比如,如果只有少数几个人待在一所空空洞洞的巨大房子里,那么对其中一个有幽闭恐惧症倾向的人来讲,可能会引发中等程度的焦虑心理;还是这同一个人,如果让他身处挤得满满当当的电梯中,而电梯突然卡在了楼层中间,那么他很自然地就会产生极度的焦虑和恐慌。

按照上述原则将一系列焦虑程度不等的事件排序后,下一步,伍尔普指导患者通过阶段放松练习和活动,让他们的肌肉达到正常放松的程度，然后再促使他们达到深度的放松。伍尔普指导病人去想象所列出的引发焦虑事件的清单，从引起中度焦虑的事件开始想象其具体的情景。只要患者感受到任何形式的焦虑，伍尔普便让他伸出一只手，这时，伍尔普过来帮助患者进入一种更深层的心理放松状态。最后，通过重复训练和放松，那种种产生中等焦虑的情势和环境便不再引发什么焦虑了。于是患者再进入另一个引发更多焦虑的环境，按照上述方法将其产生的焦虑全部消除。

通过这种将不断重复的"焦虑制造形象"与深度的心理放松相抵消，患者便学会了如何同焦虑和恐惧作斗争，他们便拥有了一个强有力的武器。

中和痛苦情感

知道了以上系统减感法对于治疗病态恐惧的强大效力后，也许你会在心里嘀嘀咕咕，它真的有那么神奇吗？它的效力究竟有多大？它是否真的能够帮助病人克服痛苦、负罪、妒忌、愤怒、沮丧、绝望等情感？

事实上不仅一般读者会有疑问，甚至许多专业的心理工作者在起初也不相信这一方法的效力。一些心理医生曾在当初做过一些实验，来验证是否能够让患者进入深层的放松状态，然后再让他们去想象那些引发愤怒、痛苦、悔恨、负罪、绝望，或沮丧等情感的环境，再看他们的那些强烈情感是否能够消失。使心理医生大吃一惊的是，在允许患者完全表露宣泄他们的情感之前，他们无法达到深度的放松。他们在放松活动的过程中，往往会变得愤怒异常，大喊大叫，或者表现出其他内部深层痛苦的种种征兆。

为了处理这些基本的情感，心理医生还是回头求助于释放和表达情感的基本方法。我们仍然能够记得，在前面的有关章节中，有一条原则是，一旦某种情感得到了充分的表达和释放，它也就烟消云散了。从这一点出发，心理学家给患者提供了充分的机会，让他们充分地表达和发泄各种积存的情感，并从中吸取某些有益的东西，然后再进行放松训练活动。这样，心理医生发现患者便能够按照系统减压法的要求，十分乐意进行放松状态的学习和应用，并积极地去运用形象思维。简单地说，在患者进行深度放松之前，他们似乎必须从以前的情感中学到或者领略某种内容之后，才能"放"它们走。

事实胜于雄辩。要了解系统减感法在中和痛苦情感方面的神奇功效，最好还是让我们看看它在具体操作中产生的作用。下面我们举了一些事例，它们代表了某些在漫漫人生路上极有可能遭遇到的一些噩梦般的事件。列举这些令人恐怖的事件的目的，在于让读者了解系统减感法对中和痛苦情感的独特作用。请不要忘记，下面的每个事例都不是虚构的。

一位母亲的痛苦经历

一个深秋的黑夜，冰冷的雨点敲打着街道。突然，警车的尖厉叫声划破了沉沉的寂静，救护车的蓝光闪烁在夜空。尽管医生尽了最大的努力，那个十九岁的男孩却永远也不能再恢复知觉，倒在了那辆被撞得七零八落的摩托车旁。任凭男孩的妈妈如何呼天抢地、捶胸顿足，他都无法听到了。

经历这次悲剧打击之后，那名男孩的妈妈罗拉逐渐变得食欲不振，出现严重的失眠、浑身乏力、无精打采等症状。她不愿和别人来往，整天沉默寡言，郁郁寡欢。对自己以前的所有爱好和活动，也都失去了兴趣。每当她在电视里看到儿子曾经喜爱的节目，每当看到儿子经常与朋友去玩耍游乐的公园，或者看到其他无数与儿子生前有关的事物时，都会引发她强烈的悲哀和痛苦。失去亲人的悲哀和痛苦一般持续两个月左右，便开始逐渐消退减弱，但罗拉并非如此，而是痛苦依旧。按照心理学的理论看,罗拉的痛苦发展成了严重的情绪低落和失常。

在别人的劝说下,罗拉咨询了心理专家。她向专家透露,自己与儿子以前的关系并不是十分和谐,相反地,有时很紧张。"我有许许多多的话要对儿子说,但又无法表达。"她对专家说。她后悔自己从前老是唠唠叨叨地不断督促儿子要自强、自立,不要一味依靠家人,因为她认为儿子不会处理生活,只知在外边东奔西窜地和朋友们混。在发生车祸的前一天,罗拉和儿子由于某件事闹得很不愉快。一气之下,罗拉告诉儿子,请他滚出家门。

根据罗拉的实际情况,专家让罗拉平静地坐好,然后闭上眼睛,想象自己的儿子在对面。进入这种状态后,专家鼓励罗拉将她所有想说的话、一切想表达的情感,都倾诉给儿子。

开始后,刚刚说了几句话,罗拉的情感便抑制不住了。她泪流满面,呜呜咽咽。她告诉儿子自己如何深沉地爱着他,她又是多么后悔将他赶出了家门。她这样对儿子说:"如果不是妈妈让你离开家门,那天晚上,也许你不会骑着摩托上街的,是不是?"

罗拉对儿子倾诉之后，专家要求她再充分调动自己的想象，让自己再扮演儿子的角色，让"儿子"回答刚才妈妈对他的倾诉。进入状态后，"儿子"回答说，那场车祸并不是妈妈的过错，他也爱妈妈，但是非常痛苦和难过，因为永远不能与妈妈在一起了。这种双方的模拟对话和倾心交谈是治疗罗拉心理障碍的转折点。在这之前，罗拉一直将后悔和负罪感紧紧"抓住"不放，也不允许他人接近安慰她。经历这种情感的对话交流之后，罗拉开始原谅和宽恕自己，同时也感到自己十分需要他人的安抚和慰藉。

现在的罗拉已经十分适合做放松练习。在第二阶段的治疗过程中，专家与罗拉共同探讨了她的痛苦，决定让她把痛苦在放松活动中抵消。首先，专家让罗拉列出一系列与儿子有关的悲惨事件，从引发最少痛苦的事件，一直到引发最剧烈痛苦的事件。罗拉感到较少痛苦的事件是与儿子的那次争吵，而最痛苦的事件则是参加儿子的葬礼。

放松活动开始后，罗拉很快便进入了深度的超然状态。好像任何事情都无法来打扰她。再进一步进入更高层次的超然状态之后，罗拉的呼吸变得异常平稳，心脏跳动得缓慢而有力，面部表情十分自然平静，手脚都感到十分温暖。下一步，专家告诉罗拉，现在她越想失去儿子的痛苦和悲伤，那么她的身体越会变得放松和超然。

  事实证明，以上治疗过程的效果十分明显。等到三周过后，罗拉对专家说，现在她再经过儿子常去的公园时，她能感受到一种温馨和爱的暖流；当她走过儿子的房间时，她不再感到忧伤和痛苦；当她听到儿子生前喜爱的歌曲时，也不再悲哀。相反，这些却能够使她回忆起曾经对儿子的爱，以及她与儿子在一起共同度过的许多幸福美好的时光。

一次手术事故

  刺耳的"嘶嘶"声、耀眼的白中带蓝的光充满和照亮了无影灯下的无菌手术室。一名成竹在胸的外科医生正在万分小心地给一位年轻妇女进行手术。妇女显然已被麻醉过，医生正在消除妇女喉咙里的一个小肿瘤。然而，尽管激光手术万无一失、周密精确，但鬼使神差般地，那位妇女感到某种可怕的事情正在发生。刚才使她很快进入麻醉状态的药力正在逐渐消失。麻醉状态消失后，她的身体仍处在瘫软之中，不得不眼睁睁地忍受如燃烧般的激光，在炙烤着她敏感的喉咙部位。她虽经历着难以忍受的剧烈痛苦，然而却既不能动，也不能喊。

  当需要完成作为一个疗程的最后一个手术时，尽管她的医生和麻醉师一再向她解释并保证，前次事故只是大海捞针、千年不遇的一回，绝对不会再发生。然而，那位年轻的女士却表示，宁愿这辈子不再开口讲话，也不再去遭受上次折磨的苦头。

我们主人公的名字叫赛西尔。她的外科医生在无奈之下，只好请心理专家来帮忙，专家第一次看到赛西尔时，她讲话的声音十分沙哑，几乎听不到。她的情感好像被切成了碎块。她的面部表情紧张而呆滞，眉头紧锁，一副遭受了严重打击的模样。

与专家进行几次交谈后，赛西尔同意把自己在上次手术中的经历和感受，全部描述出来。她的叙述如下：

"医生告诉我，我的气管里有肿瘤需要消除。最好的办法是采取激光手术，因为现在那种手术已经很普遍，且成功率极高，可以说万无一失，出错率极低。麻醉师告诉我，他首先给我的皮肤注射一种温和的放松物质，然后再注射麻醉剂，以便使我在整个手术过程中没有知觉。他还说，这次手术不会在我的大脑中留下任何记忆。

"我记得麻醉师给我注射上述药品后，我首先感到身体很放松，然后便完全失去了知觉，但下意识里知道应当不会有什么差错。

"接下来我记得自己听到了,周围的人在偶尔说几句话。然后感到喉咙有点疼痛,那种疼痛逐渐变成了一种"嘶嘶"的烧灸感。我试图举起手和睁开眼睛,却发现自己一点也不能动弹。我的喉咙好像在燃烧。我知道自己即使想说也说不出来。最痛苦的是听到"嘶嘶"的激光声,以及闻到肌肉被烧的焦煳味。我感到自己的喉咙正被烧出一个大洞,我就要被从洞里流出的血淹没了。"

赛西尔作完以上描述后,专家鼓励她继续将在手术中感受到的其他所有细节,全部表达和释放出来。于是她集中精力,调动全部的感官,想象手术过程中的痛苦经历。赛西尔常常在叙述中间感到焦虑和恐惧,这时她便抑制这种情感。于是专家就不断督促她继续前进。这样,经过几次痛苦情感的表达和宣泄以后,赛西尔能够进入下一阶段的放松练习了。

赛西尔现在清楚地知道自己的恐惧是出于一种自我保护。同时,她也知道自己还必须完成最后一部分的手术,以便恢复正常的讲话功能。正是基于这一点,她明智地决定再进行手术,但她要求专家先帮助自己进行放松练习,以消除她内心的痛苦和恐惧。如果赛西尔认识不到做手术的必要性，那么放松治疗可能不会产生任何效果。

赛西尔的放松练习持续了相当长的一段时间。首先，她在专家的指导下做了两个星期，然后自己再独立地进行，最后她终于学会了如何进入深度放松状态。接下来，专家指导她将自己在手术中的痛苦经历按轻重次序排列出来。她的痛苦包括可能全身瘫软、淹没在自己的鲜血中、中风以及失去讲话能力等。

在专家的悉心指导下，赛西尔开始将身体的深度放松与她痛苦的记忆和幻想抵消、释放。虽然偶尔有些困难，但两周之后，赛西尔的放松终于成功了。

接下来，赛西尔最后的手术进行得相当顺利和成功。麻醉按计划进行，赛西尔再也没有经历上次的痛苦和臆想。手术后她有几天不能讲话。当她能够讲话时，她告诉心理专家，说自己真正感受到了身体和心理放松的重要性。

中和工作困境

释放、中和情感以及系统减感对于解决工作中遇到的问题，同样具有十分重要的作用。大多数人可能都有这样的感受：在工作中，我们的经济收入状况和心理情感健康，常常强烈地受到上司的影响甚至支配。在西方国家，心理医生接待的患者中，由于工作造成的心理情感紧张以及由于与上司或老板发生矛盾冲突的求助者，几乎占65%以上。当然，与工作有关的心理情感紧张可能还有其他一些重要因素，比如公司的兼并、减员、经济衰退等等。但是，其中最难对付的问题，恐怕是碰到一位刁钻刻薄的上司或老板。这种上司可能是这样：无论你的表现如何出色，无论你多么勤奋刻苦、兢兢业业，但他就是不买你的账，他就是不喜欢你。结果，你一定会感到自己悲惨兮兮、手足无措。请看下面的事例。

格纳今年55岁，是加利弗尼亚一家大公司的职员。在他为公司工作的35年当中，曾经历过两次严重的精神和情感打击，每一次都几乎使他垮掉。按照格纳的说法，两次打击都是由于他与老板发生严重的冲突而造成的。格纳说，他的上司总是将既脏又累的活儿一股脑儿压在他的头上，而让另一个与自己同等职位的同事坐在办公室喝茶、看杂志。

格纳与医生探讨了放弃在这家公司工作的可能性，但发现那将是一颗难以吞咽的苦果。因为格纳还有五年的时间就将退休。格纳也曾试图做过其他一些事情，但收入很一般。格纳感到还是应保持现在的工作，以便有足够的经济收入，维持现有的生活。但如何容忍自己的上司又成为另一个难题。

格纳认识到愤怒和失意的目的，在于促使自己去改变这个极为不利的处境。不幸的是，虽然他尽了种种努力，但结果却是加重了自己的失意和痛苦。实际上，他面临的选择有三种：1. 留在目前的工作岗位，等待下一次的精神打击；2. 辞职，但同时也将失去自己的退休金；3. 放松心理情感，容忍目前处境，等待退休。

三害相权取其轻。格纳选择了第三条：放松，容忍，等待退休。他很快便学会了一系列的放松的技巧，并且发现自己几乎能够随心所欲地进入深度放松状态。格纳同时学会了一些积极进取的处世技巧。他能够不卑不亢、有理有据地拒绝本职工作范围以外的事务。虽然这些都有助于缓解格纳沉重的心理压力，但他对于所受的不公正待遇仍耿耿于怀。

鉴于此，医生指导格纳进入身体的深度放松状态，并与他在工作中遇到的典型不公正待遇相联系。起初格纳感到这样做很困难。但经过不断地反复练习，格纳已经变得轻车熟路了。当偶尔有些障碍时，医生就干脆告诉他，应当使自己认识到，这样做"只是为了钱"，不是为了老板。

学会放松技巧之后,格纳的状况好了许多,他知道自己的退休越来越近。如果感到自己的心理无法承受,他就干脆请病假或找其他理由不去上班。实际上他没有必要这样做,因为放松练习是一张简单易行而又不用花钱的良方。

第七章

如何让自己的内心始终充满希望

所谓"哀莫大于心死"。什么时候你的心中没有了希望，你的生活也就完蛋了。但我们的内心又时时充满了失意和沮丧，影响我们的情绪和心态。怎样调节才能让自己的内心始终充满希望和热情、斗志和干劲？读过本章以后，你的心内自会了然。

实际上，我们的内心情感世界是非常丰富多彩的。有时可能平静怡然，有时却翻江倒海。然而，你是否曾认真仔细地倾听自己的内心自白？事实上，在我们每个人的内心深处，都有一个细小的声音在不停地与我们交谈倾诉。说得简明一些，就是我们内心的自言自语。心理学家将这种人类的特征称为"自我交谈现象"。虽然他们对自我交谈于人类行为和情感的影响和作用持有不同的意见和看法，但都一致认为，我们的内心交谈的确作用于我们的所做和所思所想。

语言与内心世界

21世纪中叶,语言学家本杰明·伍尔夫提出了以下主张,他认为,我们使用什么样的语言来解释和理解周围的世界,取决于我们对客观世界的观察和感受。基于此观点推出,正是语言决定着世界各国极为不同的文化差异。例如,生长在加拿大最北端的因纽特人,他们有7个不同的词来表达、描述"雪"这一概念,这就使得他们对于"雪"的表达和感受,比其他国家的人的感受要具体而准确得多。

认识到词汇是人类经历与感受的语言架构这一重要原理之后,心理学家乔治·凯利提出了在语言方面理解人类自身的一个理论。这一理论叫作"语言建构的二歧原理"。凯利的主要观点是,人类通过给自己所经历的事物、事件打"标签"的形式,来认识理解他们的世界。他认为,人们应用对比鲜明、意义相反的词汇——反义词,对周围的世界和所发生的事件形成概念和思想,并作出相应的结论。例如,人们常常用诸如好和坏、黑与白、冷与热、爱与恨等词汇来思考现实世界,但那只不过是我们日常所用"标签"中的少数几个而已。凯利还作出了以下结论,他认为,越是能够驾驭比较准确的"标签"去诠释客观现实的人,越能够较准确地预测和控制环境以及事件。同样,无法用准确的"标签",或者只能用不太准确的"标签"去鉴别描述所发生事件的人,则无法很好地预知现在和未来,相应地,他们就会感到不能很好地支配生活、把握命运。

例如,约翰是一名27岁的单身汉,最近感到特别难受。原因是他对一名女子有着强烈的性渴望,然而那女子的一举一动却与自己想象的行为截然相反。在与医生交谈时,约翰表露了他对于人际关系的"标签"的方法是:非爱即恨。这显然是走了极端。在医生的引导之下,约翰认识到某个人对自己有性吸引力,然而自己并不一定要爱她。于是,约翰重新建立了一种新的二歧原则:爱与诱惑。

许多有心理障碍的患者对某人表现出一种强烈的憎恨，同时又对自己拥有这种想法感到一种负罪。对于此种现象，心理学家发现，让那些心怀憎恨情感的人去形成一种新的语言建构，是十分有益的。比如，对于用"爱和恨"来标签他人的患者，让他采取"爱和冷漠"这样的语言建构，也就是说，当一名患者用"憎恨"来想象另一人时，让他把那种情感打上"冷漠"的标签，作为其结果，患者便不再有负罪感了。

二歧语言建构体系，实际上也来自于我们对外部世界的体验和理解，比如幸福与痛苦、白与黑、快与慢、爱与恨等。这些语言观念因人而异，因文化而异，因不同的价值观念而异。但无论如何，语言建构的"标签"既然是丰富多样和明晰准确的，那么我们对世界的诠释和理解就更加细致入微和灵活敏锐，我们就能更加自由地改造世界。

自我实现预言

有一种现象，在这种现象中人们的思想和语言能够强烈地影响着他人的情感和行为，心理学家将这种现象称为"自我实现预言"现象。它的内在含义是，当我们期望某事发生时，我们就会有意无意地促成它的发生。1969年，心理学家罗伯特发现，当学校的教师被告知他们班级的某些学生是

"智力超群的天才"时，老师们就会以不同于一般的方式对待他们。实际上，很少存在什么"智力超群的天才"，但是，教师们由此而形成了那些孩子是天才人物的期望，促使他们对那些孩子另眼相待，因而导致了那些孩子学习成绩的极大提高。

的确，自我实现预言现象是强烈影响一个人具体行为的重要因素之一。不相信的话，请考虑一下在学校某个班级的所谓"坏孩子"。在学校教育中，一个难以管教和对付的学生常常被贴上"问题学生"的标签。一旦某个学生被打上"有行为问题"的标签，其他的孩子和教师们就倾向于以不同的方式对待他。他们开始"关注"那个学生做出的消极行为。事实上，当我们孜孜不倦地找寻某件事情，以验证或者支持我们对于某人先入为主的成见时，那可能不是太困难，而是很容易的。我们将此种现象称为"导引性谬误"。它意味着我们可以寻找，并且能够发现一些例证，来支持我们的结论。请看下面的事例：

吉米是一名 12 岁的男孩，反应力有些迟钝，成为了老师"自我实现预言"的受害者。从上学不久就被"打上""有行为问题"的标签，他的老师对于他犯的任何过错都十分敏感，不管其他孩子如何犯同样的过错，但吉米都是老师注意的目标。最经常的惩罚，是吉米在地上扔纸而被老师留在学校。而其他扔纸的孩子都把扔纸的责任推到吉米身上，为此，吉米还经常被送到校长的办公室，作为重点教育的对象。

　　自我实现预言对于形成对他人和自己的看法以及观点，有着极为重要的作用和影响。例如，假若你认为退休是一个人的黄金年龄段：在这一阶段，自己可以享受无数的娱乐休闲活动，尽情地周游世界各地，充分体会人生的滋味。如果你这样看的话，那么你就会趋向于将退休看作是人生的享受，是愉快幸福的事情。相反，如果你对退休的概念是像被流放了一般，等待自己的只是变得行动迟缓、头发变白、老态龙钟和一无所用，那么你将会使自己陷入十分悲惨的境地之中。

　　从以上论述中我们可以看出，自我实现预言类似于一种自我期望，一种自我价值的判断，它也有消极的影响。例如，假若你对自己的期望目标定得太高、太远，那么你便很有可能因永远得不到真正所需的东西，而长期处于挫折失望之中。因为自我实现预言的设立应当既是富有挑战性，同时又立足于客观现实，所以你应充分认识到，你要追寻的东西正是你趋向于可能找得到、摸得着的东西。如果你对他人的期望值是合理的，那么你就会发现他人会趋向于满足你的期望；如果你的生活态度是积极乐观、进取向上的，那么，你将会发现世界常常是阳光灿烂、丽日白云，有那么多美的和有价值的东西去追求；如果你对生活持悲观失望的态度，那么一切在你的眼中都可能是灰蒙蒙的一片，是一片忧郁的大海。

安慰剂：积极期望信念的力量

安慰剂是一种不具有药物特征的物质。只是由于病人相信它会产生某些疗效，所以安慰剂能够促使患者有所改善。简而言之，安慰剂是一种"模拟"的假药。有趣的是，为了检验某种新药的功效如何，研究者常常把新药给到一半的被测验者手中，而另一半则只给一种用糖制成的药片或安慰剂。通过观察，如果药物所产生的治疗效果大于糖片或者安慰剂所产生的效果，那么这种新药就被认定是有效的。

在医学界安慰剂常常是和一种无效的药片相联系的；而在心理学界，它还指在治疗心理问题时的一种潜在的信念或者期望。心理学家阿什特伯格指出，"安慰剂"一词来自于拉丁语，其基本含义是"我会快乐高兴"。阿什特伯格作了大量的调查研究，结果发现有充分的证据表明，在所有用实际药物和外科手术治疗疾病的病例中，其中30%~70%都可以通过安慰剂的作用而得到治愈。他主张，对于肌体组织损伤的治疗，都可以鼓励采用安慰剂的方法。

例如，阿什特伯格引用了1954年著名医生对一些住院病人的治疗情况。那些胃溃疡甚至胃出血患者对治疗的反应十分有趣。他们在治疗过程中首先被分成两组。第一组被告知，对他们的注射将会使他们痊愈；第二组则被告知，对他们的注射是实验性的，药物的具体效力还没有得到确认。结果，第一组中有70%的患者取得了极佳的治疗效果，他们的良好健康状况持续一年多；而第二组中，只有25%的人取得与第一组类似的治疗效果。

安慰剂效应，或者说积极期望信念不仅仅对个人有重要的影响，同时，它也强烈地影响着你周围的人。在20世纪60年代，心理学家弗兰克决定进行一项研究，以探讨究竟哪种心理疗法更加有效。弗兰克召集了一大批专家，包括在精神分析学、行为心理学以及人类心理学等领域颇有造诣的人。弗兰克请他们用各自的方法和手段，去治疗各种有心理问题的病人。弗克兰将以上专家在治疗病人时所持的不同期望，他们的信念、性格特点以及其他因素都作了比较和衡量，结果使众人大吃一惊的是，弗克兰发现无论是心理学家，还是精神分析学家，还是行为心理学家的治疗效果都是相同的。决定治疗成功与否的关键因素之一，在于他们对自己所采用方法的信念如何。

按照弗兰克的观点，安慰剂是通过医生对于自己治疗能力所持的那种能够让病人感知的坚定信念而发挥作用。世界各地、类型各异的病人都可能使用过这种或那种的安慰剂。其实，一般安慰剂的功能与特点，无论它们是出于医学实验目的，还是出于手术目的，还是一种糖片，其最终目的，都是被用来改变病人对于他们健康状况的期望值。在接受安慰剂治疗的50%以上的病人中，他们所遭受的情绪问题甚至一些生理疾病，如肿瘤症状等，都有明显的减轻。很显然，从生物化学的高度看，人的期望导致了深刻的生理变化。然而这并不是说仅仅病人的态度发生了变化。正如上面我们所述，你的行为很明显地影响着自己的神经化学机制。我们在这里的真切含义是：你的信念、期望、思想都在共同作用影响着你的神经化学机制和生理机制。

积极期望信念，或者说那种抽象安慰剂的作用，只有当与先进的、有效的医学技术治疗相结合时，才会取得最佳效果。先进的科技手段与期望和信念力量完美结合，便能创造出人间奇迹。因此，积极乐观的期望信念的确积极地影响着对病人的治疗，然而，这绝不意味着我们不再需要一般的医学或手术治疗。

认知疗法技术

认知心理学家已经探索出一套帮助改善和治疗我们情感和行为问题的方法和技巧,它包括思考、计划、解决问题几个步骤和过程。由于我们大部分的思考是在自我交谈过程中形成的,认知心理学家正是依据这一原理而摸索出了一套行之有效的方法,以帮助患者克服他们的问题。

理性的自我交谈

心理学家阿尔伯特·伊利斯发展了一套治疗情感失控的方法。他把这套方法称为"理性情感治疗法"。其中的心理根据是,被动和非理性的交谈以及信念是十分有害的,它们必须由乐观进取的积极交谈和理性的信念取而代之。用伊利斯自己的话说:"非理性的思想和交谈会导致和产生情感障碍与痛苦。"

另一名博士马克西·毛尔斯比对何为理性的思考作了如下的描述：

- 理性思考从根上说是立足于客观事实，而不是源于主观的意见和想法；
- 理性的思考如果指导我们行为的话，其结果通常是维护和促进我们生命的健康存在，而不是导致对我们的伤害甚至死亡；
- 理性的思考能够指导我们迅速获取、实现人生的目标追求；
- 理性的思考能够有效地阻止我们与他人或者与环境发生不愉快的冲突；
- 理性的思考减少或者消除我们内心的冲突以及矛盾混乱。

伊利斯相信，我们许多典型的自我交谈都是非理性和不现实的。当我们在思考中注意到这种现象时，我们就应当明辨是非，用合理和理性的思想取代不合理、不理性的思想。基于此，伊利斯列出了十大最常见的、最普遍的非理性思考，认为它们十分有碍于人生价值与追求的实现。同时，伊利斯还给我们列出了相应的十种取代选择：

・非理性的思考：对于你发现和认为最重要的那些人物，你必须赢得他们的赞赏和爱护。

理性的思考：能够赢得重要人物的爱和赞赏固然是十分美好的事情，然而，你活着当然不是只为了赢得这些。

・非理性的思考：你必须证明自己是有绝对竞争力的。

理性的思考：做生活中的强者、积极进取、乐观向上，这些都是你应当追求的人生价值取向，它们也往往能使你有所成就。但是，任何人都不是完美无缺的！

・非理性的思考：当某些人的行为不正大光明时，你应当诅咒他们，把他们看作是一些罪大恶极、寡廉鲜耻的堕落之徒。

理性的思考：当人们的行为不正大光明时，你对此感到愤怒和痛恨是可以理解的，但并不一定要诅咒他们下地狱。

・非理性的思考：当你遭受严重挫折、受到不公平的待遇或被拒绝时，你就不得不将一切看成是可憎、可怕的。

理性的思考：挫折、失败、被拒绝或者不被接受，正像你被接受、认可和取得辉煌成就一样，都是漫漫人生不可分割的一部分，因此，你要学会体验，甚至"欣赏"它们。

•非理性的思考：你情感上的痛苦和不幸来自外部压力，你几乎没有能力控制或者改变自己的情感。

理性的思考：我们多数情感上的痛苦和不幸不是来自外部压力，而在于我们如何理解和对待它们。

•非理性的思考：如果某事某物看上去是危险和可怖的，你必须使自己高度警惕和全力以赴，并且使自己常常处在高负荷状态。

理性的思考：如果某事某物是危险或令人恐惧的，那么，你需要尽快消除或避开危险，然后将其忘到脑后，重新出发。

•非理性的思考：如果不进行自我约束，那么你会更加自由，不会承担更多的责任义务，避免许多生活中的困难。

理性的思考：通过自我行为约束，你能更轻松自如地为自己的行为负责，这才是避免遭遇困难的真正方法。

•非理性的思考：过去的经历对你来说异常重要，那是因为某件事曾强烈地影响了你的生活，那么这件事就必须持续地支配着你现在的情感以及行为。

理性的思考：一旦你从过去吸取了经验教训，那么你会很容易让它成为过去。

· 非理性的思考：所有的人和事物都应当比其表面看去更加美好。如果不能找到解决生活中现实问题的理想答案，你就会认为那是令人恐怖可怕的事情。

理性的思考：有时，生活中的现实问题未必一定有理想的解决办法。生活常常是不公平的，绝不仅仅是鲜花与美酒，才子配佳人。

· 非理性的思考：不用积极主动地去参与生活，体验生活，你就可以获取最大值的人生幸福。

理性的思考：享受生活和人生的最佳途径之一，是克服惰性、乐观活跃、积极进取。

如果发现自己常常拥有以上非理性的想法，那么你就应该有充分的思想准备，因为你已经为自己设置好了遭受许多严重挫折、失败和失望痛苦的陷阱。因此，你必须与以上非理性想法进行挑战、斗争，运用理性思考寻找现实和积极的思维方式。

思维重新定位法

思维重新定位法是一种认知心理学的理论和处理问题的技巧。其主要目的，是帮助你学会将自己的心思集中在积极乐观的事物和结果上面，而不是总在尽力回避或消除消极的影响或结果。通过以下几个简单的事例，我们可以很容易理解思维重新定位的含义，以及这一原理怎样应用于生活中一些典型问题的处理：

- 消极：今天我最好还是不要去做那个演讲。
  积极：我的演讲将是逻辑清晰、有煽动性和有说服力的。
- 消极：为了不至于使他不安，我最好还是什么也不说。
  积极：我要使他感到轻松自如、温馨美好。
- 消极：我感到厌烦，我不想动。
  积极：我精神饱满，充满活力。
- 消极：不要将自己所有的钱都花光。
  积极：我要聪明地将我的钱投资到某项事业上，让它变成十倍、百倍甚至千倍。
- 消极：真该死！今晚上我希望不再打架了。
  积极：我期望着一个欢乐祥和的夜晚。

思维阻抑法

对于如何消除不愉快的回忆或不切合实际的想法，认知心理学有一种有效的方法和技巧。这种技巧包括两个过程，我们将其称为思维阻抑法。

这一方法的具体操作过程是：首先让自己想象一系列令自己心神愉快、能充分享受人生的情景和画面，但请注意不要牵涉你想忘却的那些人、事件和情境。这些情景或形象可以充满刺激、幽默滑稽或妙趣横生，只要它能使你感到快乐高兴；其次，当你按照上述原则建立起自己的积极思想或形象时，再想象那些你希望忘却的人、事或情境。而一旦那些你想忘却的东西进入脑际，你就大声喊叫（或者在心里对自己大喊）"停下！"接着，你立刻开始想象一些事先预设的快乐的事件或情境。当你继续进行这种思维阻抑练习时，你将发现，自己是在消除心底的消极和不健康情感以及思想，而代之以积极进取的生活态度。

痛苦移植

痛苦移植是一种治疗精神病患者的方法与技巧。其操作方法是，患者想象他们身处一种痛苦的情境之中，同时又保持自己的积极乐观进取形象，而且用一些积极的话语，诸如"我的表现十分出色"等来改善自己的行为。

例如，对一个特别害怕在公众面前说话和演讲的人，便可以用痛苦移植法：首先让他学会放松自己，培养他积极的形象思维，然后再让他一边做演讲预习，一边让他对自己说一些鼓励的话，以提高他的自信：

- 我对自己的演讲材料十分熟悉，运用自如；
- 我很有实力；
- 我能够给听众带来愉悦和快乐；
- 听众是爱我，喜欢听我演讲的。

认识重建法

认识重建与思维重新定位有某些相似之处。它指的是通过改变一个人毁灭性的想法（可以指自我毁灭和对他人的毁灭），以促使他形成积极进取、直面人生的思维方法。为了充分理解认知重建法的基本含义，让我们回过头再看一下乔治·凯利的"语言建构二歧原理。"请考虑你用来诠释和分类现实世界的那些"标签"。大多数人都使用一些对比强烈的反义词去描述周围的世界，如"好与坏""主动与被动""强大与弱小"等。凯利发现,越是能够使用更多意义对比鲜明词汇的人,越能够自由地理解、演绎和预测现实世界。

例如,假若你是一个倾向于将事物看得黑白决然分明的人,那么你就很可能把人们分成好的与坏的两类。这种分类在某些问题上是行之有效的。但是,当你用此方法分析那些性格复杂、具有多面性的人时,那么恐怕就不灵验了,甚至你会犯错误。比如,当你公司的总裁拒绝给雇员们提高工资待遇,同时又向社会捐赠数以百万元的物品、金钱来救助贫困者时,你能简单地以"慷慨"或者"吝啬"来评价他吗?

又如,你对爱与恨怎么看待呢?当你的妻子/丈夫或者其他的重要人物使你高兴或失望时,你是否对他们的情感也是非爱即恨呢?事实上,形成一种内容丰富的语言建构(实际是一种丰富的思想、情感体验),以区别对待各种不同的事件,是极为重要的。例如你的公司总裁向社会捐助数以百万甚至千万元的资财,同时又拒绝给员工们增加薪水,你可以将他理解为"慷慨"但"不善解人意";如果丈夫对长辈很照顾,但不大顾及妻子的感情以及生活需要,那么你可以给他下一个"孝顺"和"大男子主义"的结论。

因此,我们可以说,语言建构具有很宽泛的含义,关键看你如何使用它。它的具体内容并不一定是"非黑即白"的。

重新认识痛苦

心理学家罗纳德·马泽克在他的著作中,曾大量介绍过他利用认知重建法治疗慢性病人的例子。马泽克发现,许多病人常常用带有情感色彩的形容词,比如用"无法容忍的"描述他们的痛苦;而另一类病人则用更加敏感和准确的形容词,如"像被刺般疼的""像被割着一般的""像被拉扯着的"描述自己的感受。两相比较,马泽克得出的结论是,前者比后者更难治疗和克服自己的病痛。

例如,许多患有所谓骨质增生的病人,实际情况并不如他们所想象的那么严重。如果他们整天为此忧心忡忡、茶饭不思,最后说不定"假作真时真亦假"。如果有人能及时使他们认识到自己的想法徒增个人的痛苦紧张,从而学会自我放松、自我心理重构,使其认识到自己的病痛只是不舒服和令人心烦而已,那么他们很快便会用一种积极乐观、主动配合的态度进行治疗,从而很快便取得理想的治疗效果。

社会心理学方面的研究已经表明，先入为主的"标签"同样强烈地影响着我们对他人的期望、判断和理解。心理学家曾做过以下实验。在此实验中，主持者事先告诉被分成两组的听众，他们将会听到某位演说家的讲演。然后，主持者用一系列的形容词对演讲者作一番描述。这些形容词包括：有能力的、知识渊博的、才华出众的、富有创造力的等等。但唯一的不同是，主持者事先给两组听众灌输了不同的印象。他使其中一组听众感到演讲者是热情的、富有鼓动性的，使另一组感到演讲者是冷淡的、没有多少鼓动性的。然后，让他们共同听那个演讲者的表演。

　　实验主持者发现，用于灌输印象的那两个简单的形容词"热情"和"冷淡"，对于听众如何评价那场演讲，有着深刻的影响。被事先灌输"热情"的听众，趋向于对演讲者作出较高评价；而被事先灌输"冷淡"的听众，则趋向于对演讲者做出较低评价。请看以下的例子：

　　安娜是一名中学教师，今年44岁，她的儿子今年18岁，刚考上大学。儿子在大学里的成绩很不理想，还经常与朋友们聚会、搞社交，一点也不踏实，这使安娜异常难受。她认为自己对儿子是不负责任的，同时又很难清楚地表明对儿子是关心和支持的。通过交谈，心理医生发现安娜对儿子的描述是：好和坏、负责和不负责、爱和恨。

在医生的开导和帮助下，安娜认识到她仍然爱儿子，尽管她痛恨儿子不负责任的行为和在学习上的不思进取。然后，医生又帮助安娜重建对儿子的判断和印象，也就是帮助安娜更准确积极地表达对儿子的情感。经过几番努力后，安娜对儿子建立了以下的判断：欣赏和失望、成熟与不成熟、自觉与冲动。

虽然安娜心里仍保持着好与坏、爱与恨、负责与不负责的语言建构，但当她用新的模式描述儿子的行为时，她感到自己心里好受多了。她仍爱自己的儿子，知道自己同时还必须有耐心，因为儿子毕竟还不成熟，容易冲动，有点不负责任也是可理解的。

可以说，你语言建构中的词汇越少，那么在理解和解释现实世界中遇到的麻烦就越多，你也就越有可能不合理地歪曲事物的本来面目。因此，尽量丰富你的语言建构词汇。越是准确明晰地描述生活中的事件和人物，你越能理解世界、预测未来，同时你也能更有效地支配自己的情感和行为。

自我交谈与怎样开始美好的一天

我们大多数人都有自己的一套生活规律和模式。比如,按照你人体生物钟的活动规律,"铃声"一响,你可能心里就对自己说,"我确实很疲劳了""我不想继续干活"或者"我要马上上床休息了"。而"铃声"再次响起,你就必须起床,面对新一天的开始。

这时,你内心可能会有一个很小的声音在不断地用这样的话"轰炸"你:"我不能再睡下去了""我还没有睡够""我感到浑身疲乏无力"等等。当你起了床向洗漱间走去时,你心里的那个小声音可能还在不断地嘀嘀咕咕:"我真想再多睡一会儿。"而当你把脸抹上白花花的肥皂时,那讨厌的小声音又可能在继续督促:"快点吧,八点钟快要到了"或者"快点吃些早饭上班去吧,不然就迟到了"等等。

如果你将以上想法改换成另外一种积极内容的自我小声交谈,那么你新的一天会怎样度过呢?当新的一天露出曙光时,不妨让你心里的小声音说下列的话:

- 呀,昨天晚上我睡得真好!
- 我感觉得到了充分的休息,可以精神饱满地迎接新的一天;

- 我感到自己有许多还没有发挥的潜力；
- 我的心非常沉静，像水晶一样清澈，意识非常清醒；
- 我感到轻松自如、思想活跃；
- 如果活动一下，我的感觉会更好；
- 在内心深处，我感到自己的精力像大海的波涛一样，汹涌澎湃；
- 我要看一下，今天在工作中我能够倾注多少热情，我能表现得多么出色；
- 我会对所遇的每一个人寄以良好的祝愿，积极主动地运用自己的精力，帮助他人；
- 我要以满腹的热情，睁大眼睛，去捕捉每一个机会，寻找每一份惊喜。

当新一轮的太阳升起时，请选择以上句子取代你内心消极的窃窃私语。你会发现，如果自己这样做的话，新的一天的想法以及你在新的一天的表现，将发生戏剧性的变化。

如果将这种方法运用到以后的人生中去，那么，你的人生也将迎来崭新的变化！